洛阳市橡胶坝的应用推广与展望

赵安仁　王银山　主编

U0364708

黄 河 水 利 出 版 社

· 郑 州 ·

图书在版编目(CIP)数据

洛阳市橡胶坝的应用推广与展望/赵安仁,王银山主编.—郑州:黄河水利出版社,2017.8
ISBN 978 - 7 - 5509 - 1827 - 6

I. ①洛… II. ①赵…②王… III. ①橡胶坝 - 研究 - 洛阳
IV. ①TV644

中国版本图书馆 CIP 数据核字(2017)第 209261 号

出　版　社:黄河水利出版社
　　地址:河南省郑州市顺河路黄委会综合楼 14 层　邮政编码:450003
发行单位:黄河水利出版社
　　发行部电话:0371 - 66026940、66020550、66028024、66022620(传真)
　　E-mail:hhslcbs@ 126. com
承印单位:虎彩印艺股份有限公司
开本:850 mm × 1 168 mm　1/32
印张:4.75
字数:103 千字　　　　　　　　　印数:1—1 000
版次:2017 年 8 月第 1 版　　　　印次:2017 年 8 月第 1 次印刷
定价:35.00 元

本书编委会

主　　编：赵安仁　王银山

副主编：常兴明　张　帆　陈　青　赵毅铭　申超伟

编写人员：王宜涛　陈　刚　赵　婧　石宝文　常　斌

　　　　　曹江江　王思铭　赵辉亮　张　坡　张明军

　　　　　赵　剑　蔡国锋　申书贤　刘景春　石书彩

　　　　　石红现　付瑞杰　王　影　任红敏　孙缔英

　　　　　王腾基　王　贺　金　凯

前　言

　　水利在人类发展史上占有显著的地位,在中国的发展史中更起着特殊的作用,兴修水利、与水害作斗争历来是治国安邦的主要措施。水利是农业的命脉,是国民经济发展的基础设施和基础产业,也是社会安定的重要保障。我国人多水少、水资源时空分布不均,节水治水管水兴水任务艰巨。党的十八大以来,以习近平同志为总书记的党中央,从战略和全局高度,对保障国家水安全做出一系列重大决策部署,明确提出"节水优先、空间均衡、系统治理、两手发力"的新时期水利工作方针,为加快水利工程建设管理和改革发展提供了科学指南和根本遵循。

　　多年来,在新材料的应用和新技术的创新上取得了一定的成果。橡胶坝就是20世纪50年代末,随着高分子合成材料工业的发展而出现的一种新型的水工建筑物。近些年随着橡胶坝技术的发展和我国城市用水、景观建设及环境整治的需要,橡胶坝得到更广泛的运用,在城市美化、生态环境改善、节资节能等方面发挥着越来越重要的作用,橡胶坝市场越来越大。社会的发展给橡胶坝提供了广阔市场,随着经济的发展、城市化进程的加快、人民生活水平的提高,人们对生活环境的要求日益提高,更讲求生活质量,对生存、生态环境有了更高的追求,对城市水利建设有了更高的要求。所以,自从1957年世界上建成第一座橡胶坝至今,橡胶坝已在世界各国得到了广泛的应用。

本书全面介绍了不同类型的橡胶坝建坝技术及其应用，是集水工和橡胶坝工艺制造等多个专业的综合性书籍。其内容包括橡胶坝工程规划、坝袋设计、土建工程设计、锚固系统设计、控制系统设计、坝袋材料、坝袋制造工艺、工程施工与坝袋安装、工程运行管理、坝袋老化及防护措施、坝袋的振动及防护措施等。

本书根据洛阳市的地形地貌、气候气象、河网水系、土壤、植被、自然资源、社会经济特点等，对经历40多年时间已建成的洛阳市50多座橡胶坝的基本情况进行了调查，主要调查内容包括橡胶坝工程的基本情况和主要参数、管理机构编制和工作职责、水面工程管理通告、橡胶坝工程运行管理、橡胶坝管理人员工作职责、橡胶坝工程安全管理制度、橡胶坝工程运行及养护制度、橡胶坝机电设备的操作与维修保养、橡胶坝工程检查制度、橡胶坝工程防汛度汛等，提出了洛阳市橡胶坝工程建设的经验和建议。本书可供从事橡胶坝坝袋制造及橡胶坝工程规划、设计、施工、监理和运行管理的技术人员使用，也可供科研人员和大专院校师生参考。

编者在编写过程中，得到了同行们的大力支持，在此表示感谢！由于编者水平有限，书中难免有不妥和错误之处，敬请读者批评指正。

编　者

2017 年 7 月

目　录

第 1 章　橡胶坝的发展概述

　　水利在人类发展史上占有显著的地位,在中国的发展史中更起着特殊的作用,兴修水利、与水害作斗争历来是治国安邦的主要措施。水利是农业的命脉,是国民经济发展的基础设施和基础产业,也是社会安定的重要保障。我国人多水少、水资源时空分布不均,节水、治水、管水、兴水任务艰巨。党的十八大以来,以习近平同志为总书记的党中央,从战略和全局高度,对保障国家水安全作出一系列重大决策部署,明确提出"节水优先、空间均衡、系统治理、两手发力"的新时期水利工作方针,为加快水利工程建设管理和改革发展提供了科学指南和根本遵循。

　　河南省横跨淮河、长江、黄河、海河四大流域,其流域面积分别为 8.61 万 km²、2.77 万 km²、3.60 万 km²、1.53 万 km²,省内河流大多发源于西部、西北部和东南部山区,流域面积在 100 km² 以上的河流有 493 条。新中国成立后,在毛泽东主席"一定要把淮河修好""一定要把黄河的事情办好"等伟大号召下,河南省人民艰苦奋战,掀起了轰轰烈烈的水利建设高潮。短短几十年间,一座座水库、水电站、灌区及河道治理、水闸等水利工程拔地而起。河南省有 2 650 座水库(其中大型水库 25 座、中型水库 123 座、小型水库 2 502 座)、23 581 km 堤防、13 处蓄滞洪区、335 处大中型灌区、361 座大中型水闸等。

　　水利是指采取各种人工措施对自然界的水进行控制、调节、治导、开发、管理和保护,以免除水旱灾害,并使水资源适应人类生产,满足人类生活需要的活动。水利的基本手段是建设各类水利工程设施。从事水利的事业称为水利事业,主要包括防洪、排水、灌溉、供水、水力发电、航运、水土保持以及水产、旅游和改善生态环境等。

水利工程是指对自然界的地表水和地下水进行控制和调配,为达到除害兴利的目的而修建的工程设施。它包括以下几种类型:

(1)防止水灾害的防洪工程;

(2)为农业生产服务的农田水利工程,也称灌溉排水工程;

(3)将水能转化为电能的水力发电工程;

(4)为水运服务的航道及港口工程;

(5)为工业和生活用水排水以及废水和雨水处理服务的城乡供水与城镇排水工程;

(6)防止水污染、维护生态平衡的环境水利工程;

(7)防御海潮和涌浪的侵袭,保护沿海城市和农田的河口堤防与海塘工程等。

多年来,在新材料的应用和新技术的创新上取得了一定的成果。橡胶坝是20世纪50年代末,随着高分子合成材料工业的发展而出现的一种新型的水工建筑物。橡胶坝又称橡胶水闸,是用高强度合成纤维织物作受力骨架,内外涂敷橡胶作保护层,加工成胶布,再将其锚固于底板上成封闭状的坝袋,通过充排管路用水(气)将其充胀形成的袋式挡水坝。

橡胶坝与其他土、石、钢、木刚性闸坝比较,第一个突出的特点是充胀坝体挡水而不漏水,排空体内充胀介质坝袋塌落紧贴河床上,保持原河床断面,可畅泄洪水和上游堆积的泥沙、卵石和漂浮物而不阻水。充水式橡胶坝还可以随意调整坝高溢流,以确保上游水位或泄水量。

橡胶坝第二个突出的特点是单跨长度大。按理论分析,橡胶坝袋内部应力与外部对其作用力均垂直于坝轴线,因而与坝袋长度无关。坝袋单跨长度多取决于工程运行工况和坝袋运输、安装等因素。

除此之外,橡胶坝工程还具有结构简单、施工期短、造价低、坝袋抗震性能好、操作灵活及管理方便等优点。

橡胶坝工程包括橡胶坝袋、坝袋锚固系统、充排及控制系统三大部分,整个工程布置无复杂之处。作为工程主体部分橡胶坝袋,可在橡胶厂制造,与土建施工不相矛盾。一般橡胶坝工程当年施工、当年运用、当年受益。由于橡胶坝跨度大,可减少中墩数量和相应的闸门启闭动力设备,还可简化下游消能设施等,因此可减少工程投资。减少投资的比例视高分子合成材料工业的发展水平而定。橡胶坝袋为柔性薄壳结构,重量轻而富有弹性,在外力作用下易发生形变,故能抵御强大的地震波和特大洪水的冲击。根据我国实际情况,橡胶坝工程投资比一般同规模的刚性水闸工程投资可节省30%～60%,合成材料工业发达的国家,最优条件节省投资比例可达 5%～10%。

所以,橡胶坝具有造价低、结构简单、施工期短、抗震性好、不阻水和止水效果好等优点,坝顶还可以溢流,并可根据需要调节坝高,控制上游水位,以发挥蓄水、灌溉、发电、航运、防洪、挡潮等单一效益或综合效益。

近些年随着橡胶坝技术的发展和我国城市用水、景观建设及环境整治的需要,橡胶坝得到更广泛的运用,在城市美化、生态环境改善、节资节能等方面发挥着越来越重要的作用,橡胶坝市场越来越大。社会的发展给橡胶坝提供了广阔市场,随着经济的发展、城市化进程的加快、人们生活水平的提高,人们对生活环境的要求日益提高,更讲究生活质量,对生存、生态环境有了更高的追求,对城市水利建设有更高的要求。所以,自从 1957 年世界上建成第一座橡胶坝至今,橡胶坝已在世界各国得到了广泛的应用。

橡胶坝属薄壁柔性结构,是随着高分子合成材料的发展而出现的一种新型水工建筑物。目前总共有四大种类的橡胶坝,包括盾式橡胶坝、书籍式橡胶坝、扰流坝与橡胶充气芯模。1957 年世界上首座橡胶坝诞生于美国洛杉矶,坝高 1.52 m,长 6.1 m,坝袋胶布厚为 3 mm,强度为 90 kN/m。此后世界各国相继开始兴建橡胶坝。我国于 1965 年下半年开始进行橡胶坝的研制建设工作,1966 年先后建设北京右安门橡胶坝、广东洪秀全水库橡胶坝。1966 年 6 月建成我国第一座橡胶坝——北京右安门橡胶坝,坝高 3.4 m,坝顶长 37.6 m,该橡胶坝曾两次更换坝袋,至今运行正常。

橡胶坝自 20 世纪 90 年代以来在我国发展迅速。从 1966 年到 1993 年近 30 年中全国仅建成橡胶坝 366 座,据不完全统计,截至 2006 年 10 月,我国的橡胶坝已建成约 2 000 座,近年来更是以每年新建 300 座左右的速度发展。橡胶坝应用范围十分广阔,不但用来代替各种闸门、活动溢流堰、船闸闸门、防潮闸,还建成了片闸、渡槽、袋式活动围堰、防浪促淤浮网片坝等。

橡胶坝在我国分布广泛,西到新疆维吾尔自治区石河子市,东到黑龙江省鸡西市梨树区,北到黑龙江省大兴安岭林区加格达奇,南到海南省五指山市,遍布我国所有的省、自治区和直辖市。此外,我国香港特别行政区截至 1999 年已建成橡胶坝 20 座,台湾地区也建有橡胶坝钢闸门。

1997 年在山东省临沂市小埠东建成的橡胶坝,高 3.5 m,16 跨,每跨长 70 m,总长 1 135 m,是当时世界上最长的橡胶坝,被收入 1999 年的吉尼斯纪录,并获得世界吉尼斯最佳项目奖。国内橡胶坝目前最高 6 m,单跨最长 176 m,多跨最长 1 135 m。建于 1980 年的西藏羊八井橡胶坝海拔 4 300 m 以上,为我国海拔最高的橡胶坝。

自 1965 年以来,橡胶坝在我国推广应用的曲折经历,是一个不断解决工程中一系列技术问题的逐步发展过程。我国橡胶坝的发展史,按年代大体可分为如下 4 个阶段。

第一阶段(1965 ~ 1970 年),研究试验阶段。

我国于 1965 年下半年开始进行了橡胶坝的研制建设工作,首先开展的是室内水工模型试验,对橡胶坝袋的计算、设计、制造工艺、橡胶配方、帆布编织等方面进行了一系列的研究。1966 年在北京、河北、广东等省市建成了第一批试点工程。1967 年在北京召开了橡胶坝初步技术鉴定及交流会。1968 年在水利电力部和化工部领导下,组织了水电、化工、纺织系统的科研、设计、施工、管理及生产制造等单位参加的橡胶坝会战小组,有计划地开展了科研工作,促进了橡胶坝的发展。到 1968 年底,全国已建成橡胶坝 15 座。河北省还建成了橡胶渡槽和橡胶片闸,航运部门还将橡胶坝及片闸应用在船闸工程中。1969 年中国水利水电科学研究院橡胶坝会战小组对我国橡胶坝的试建进行了初步总结。在此阶段具代表性的橡胶坝是北京橡胶十厂制造的北京右安门橡胶坝,此坝可称为我国第一座橡胶坝,它建于 1966 年 6 月,位于北京南护城河上,是城市工业用水和分洪的节制闸。设计坝高 3.4 m,坝顶长 37.6 m,坝底长 24 m,河道边坡为 1:2,锚固型式为螺栓锚固。充水水源有两种,一为河水,二为井水。采用水泵充排坝袋。原坝袋运用21年后更换,同时将原来的单锚固改为双锚固。橡胶坝在运用中,坝高变化频繁,用于调节流量。

第二阶段(1970~1979年),总结改进阶段。

由于"文化大革命",这一阶段橡胶坝的发展一度趋向自流状态。1970年以后,因机构、人员变动,橡胶坝会战小组中止联系,组织工作停顿。特别是一些地区一度存在无政府主义,工程管理不当,有的坝袋破裂,有的坝袋带病运行。在坝袋的生产、设计和运行管理方面都存在着不少亟待解决的问题。为此,水利电力部组织有关单位于1972年11月对安徽、河南、河北、北京等北方4省市已建的橡胶闸坝及坝袋生产部门进行了调查,1973年6月完成了对广东、四川、湖南、湖北、广西、浙江、福建等南方7省区橡胶坝工程调查,1978年6月完成了东北地区的橡胶坝考察。

所有上述调查和考察工作均提交了报告,报告中肯定了橡胶坝的优点,指出了存在的问题,提出了解决问题的意见和有待进行的橡胶坝科研项目。针对我国橡胶坝发展中存在的问题,为了更好地学习国内外先进经验,水利部委托辽宁省水利局于1979年6月在辽宁省本溪市主持召开了全国橡胶坝坝袋定型及经验交流会。会议交流了我国自1965年以来,各地在橡胶坝的科研、设计、施工和管理,以及坝袋研制方面的丰富经验,并对坝高5 m以下的充水式橡胶坝做了初步定型,还于1980年6月出版了《橡胶坝技术资料选编》。这次会议影响深远,可谓我国橡胶坝事业的一个里程碑。

第三阶段(1979~1992年),稳步发展阶段。

此阶段主要为橡胶坝交流经验,总结推广,稳步发展。1984年3月在广州召开橡胶坝技术经验交流会。1985年在广州开办了橡胶坝技术培训班,并在培训班教材的基础上于1989年出版了《橡胶坝》一书。推动建立橡胶坝技术开发协作组,组织编制了标准《橡胶坝技术指南》,并由水利部于1989年颁布。1991年在天津市召开了全国橡胶坝技术经验交流会。1992年中国水利学会农田水利专业委员会橡胶坝学组在河北省承德市成立。所有上述工作为后来我国广泛推广应用橡胶坝奠定了坚实的基础。

第四阶段(1992年至今),快速发展阶段。

我国橡胶坝发展至此,可以认为在橡胶坝的科研、设计、施工和运用管理以及坝袋制造和防护等方面的技术已较成熟,具备了广泛推广应用的条件。因此,橡胶坝这一新技术被国家科委批准列入1992年的"国家级科技成果重点推广计划"项目,这为橡胶坝技术的发展和应用注入了新的生命,并为迅速将这一新技术转化为生产力,有力地走入国内外市场创造了良好的条件和提供了有力的保证。

橡胶坝学组成立后,于1994年在北京市密云水库召开了全国橡胶坝技术研讨会;1995年在北京联合召开了中日橡胶坝技术交流会并出版了《中日橡胶坝技术交流文集》;推动山东、河北等省相继召开了各省范围内的橡胶坝学术会议,其中河北省会后在《河北水利水电》杂志上还出版了一期河北省橡胶坝工程技术专号。

为适应推广应用橡胶坝工程的迫切要求,使橡胶坝工程在规划、设计、建设和运用管理等方面有章可循,1995 年 11 月水利部农村水利司下达了《关于开展〈橡胶坝技术规范〉编制工作的通知》。在水利部农村水利司的主持下,编写组立即开始工作,1996 年 6 月完成初稿并召开了编写工作会议,1996 年 8 月完成征求意见稿,在广泛征求意见补充修改后,于 1997 年 10 月完成送审稿,并于 1998 年 2 月召开审查会议,通过了专家审查。1998 年 12 月 25 日水利部批准颁布《橡胶坝技术规范》(SL 227—98)。在橡胶坝的发展过程中,坝袋质量对橡胶坝工程的安全运行极为重要,经国家质量技术监督局批准,橡胶坝坝袋材料性能的检测参数于 2000 年被纳入水利部灌排设备检测中心的检测业务范围,为坝袋的生产建立了一整套严格的规章制度和质量检测标准。2014 年 1 月 9 日《橡胶坝工程技术规范》(GB/T 50979—2014)正式颁布实施,为橡胶坝的健康快速发展奠定了坚实的技术理论及检测基础。

橡胶坝的充排设备为水泵或空压机,动力设备简单,且可以实行集中控制,所以运行和管理极为灵活方便。但是,橡胶坝工程坝袋胶布是合成橡胶和合成纤维组合体,受日光、空气和水等作用,犹如岩石风化一样会发生老化。近年来,橡胶厂在坝袋胶布胶料中掺入防老化剂,以延长坝袋使用寿命,正常情况下坝袋可使用 20 年以上。坝袋的轻和柔是其优点,但其坚固性显然比钢、石、混凝土和钢筋混凝土差,坝袋容易被刺伤和磨损,刺伤和磨损处若不及时维修,则会造成工程失事。因此,必须加强运行管理工作,以防止意外事故。

橡胶坝

第 2 章　洛阳的自然条件概况

洛阳位于河南省西部、黄河中下游,因地处洛河之阳而得名,是国务院首批公布的国家历史文化名城、国家区域中心城市和中原城市群副中心城市。

洛阳地跨黄河、长江、淮河三大流域,辖 8 县 1 市 6 区,总面积 15 208.6 km²。地理坐标为东经 111°08′至 112°59′,北纬 33°39′至 35°35′。东和东南与郑州市、平顶山市为邻,西和西南与三门峡市接壤,北隔黄河与济源市、焦作市相望,南靠伏牛山与南阳地区相连。全境东西长约 254 km,南北宽约 234 km。

洛阳市现辖 1 市(偃师市)8 县(孟津县、新安县、宜阳县、伊川县、汝阳县、嵩县、栾川县、洛宁县)6 区(涧西区、西工区、老城区、廛河区、洛龙区、吉利区),1 个洛阳新区、1 个国家级高新技术产业开发区、2 个省级开发区、17 个省级产业集聚区。

洛阳有着 5 000 多年的文明史、4 000 多年的建城史和 1 500 多年的建都史,夏、商、西周、东周、东汉、曹魏、西晋、北魏、隋、唐(武周)、后梁、后唐、后晋等十三个正统王朝相继在洛阳建都,素有十三朝古都之称,是中国建都最早、建都朝代最多、建都历史最长的城市。洛阳是华夏文明和中华民族的主要发源地,是东汉、曹魏、西晋、北魏及隋唐时期丝绸之路的东方起点,隋唐大运河的中心枢纽。牡丹因洛阳而闻名于世,有"洛阳牡丹甲天下"之称,被誉为"千年帝都,牡丹花城",是"河图""洛书"的诞生地。

2.1　　地形地貌

　　洛阳市地处我国第二阶梯和第三阶梯的过渡地带,地形、地貌复杂,类型多种多样,全市概括起来为"五山、四岭、一分川"。山脉属秦岭山系向东延伸的余脉,呈五指状自西向北、东、南三向延展。从北向南依次为崤山、熊耳山、外方山、伏牛山等余脉,涧、洛、伊、汝等主要河流分布其间。构成西南高、东北底的倾斜地势。

　　全市山区分布在栾川、嵩县、洛宁、新安、宜阳、汝阳等地,面积6 920.7 km²,占全市总面积的45.5%。

　　洛阳的丘陵分布在伊洛河中下游,分石质丘陵和黄土丘陵两种类型。面积6 194.7 km²,占全市总面积的40.7%。

　　洛阳市的河川平原面积约占全市总面积的13.8%。主要分布在沿伊洛河两侧的河谷阶地上,多呈带状分布,是本地的主要耕地集中地带。城市(县城)也多集中在这一带。主要川地有宜(阳)洛(宁)川地、伊(川)嵩(县)川地和洛阳至偃师的伊洛平原等。最大的伊洛平原面积约670 km²,洛阳城区和偃师城区都坐落在这个河谷平原上。

2.2　　气候气象

　　洛阳市属暖温带半干旱大陆性气候区。影响气候的主要因素是季风和环流。其特点是春季干燥,风较多,夏季炎热,降水多,秋季昼暖夜寒,温差大,冬季寒冷寡照,雪稀少。据市气象台多年观测资料,平均气温14.7 ℃,1月气温最低,平均

为 0.4 ℃;7 月气温最高,平均达 27.4 ℃。极端最高气温达
44.2 ℃(1966 年 6 月 20 日),极端最低气温为 −17.4 ℃
(1951 年 1 月 13 日)。全年无霜期为 218 天。年平均相对湿
度为 64.5%。年平均日照为 2 291.6 小时,日照率为 52%。
多年(1956~2013 年)平均降水量为 691.3 mm,其中 6~9 月
汛期降水量 431.4 mm,占全年的 62.4%,且年际变化明显,
年最大、最小降水量分别为 1 153.0 mm(1964 年)和 419.8
mm(1997 年)。多年(1980~2013 年)平均蒸发量(E601 型
蒸发器)为 933.0 mm。

2.3　河网水系

　　洛阳市境内干、支河流及较大沟、涧、溪有 2.7 万多
条,其中常年有水的约 7 500 条,集水面积在 100 km² 以
上的较大支流有 34 条,这些河流分布于黄河、淮河、长江
三大流域的黄河干流、伊洛河、颍河、丹江和唐白河五个河
系。伊洛河及以北地区的河流直接汇入黄河,其集水面积
12 646.1 km²,占全市总面积的 83.0%;淮河流域颍河水
系内有北汝河,集水面积2 055.9 km²,占全市总面积的
13.5%;位于最南部边缘地带的淯河与白河分别属于丹江
水系和唐白河水系,均属于长江流域,其集水面积共为
527 km²,占全市总面积的 3.5%。

2.3.1　黄河干流

　　黄河自三门峡市渑池县关家村东的峪家沟进入洛阳市
境,沿市北界向东,至偃师市杨沟渡出境入巩义市。过境全长

97 km,其中新安县 37 km,孟津县 59 km,偃师市 1 km。从三门峡至孟津县 150 km 左右的河段,穿行于中条山与崤山及邙岭之间,称为晋豫峡谷,是黄河自上而下的最后一段峡谷,落差 200 m 以上,河谷底宽 200～300 m,出露基岩多为二叠纪、三叠纪砂页岩层。

黄河上最大的水利工程——小浪底水利枢纽工程,就位于洛阳市孟津县小浪底村。小浪底水利枢纽,位于河南省洛阳市以北 40 km 的黄河干流上,南岸属孟津县,北岸属济源市,上距三门峡水利枢纽 130 km,下距焦枝铁路桥 8 km,距京广铁路郑州黄河铁桥 115 km。坝址以上流域面积 694 155 km²。该工程是黄河干流三门峡以下唯一能够取得较大库容的控制性工程。

小浪底水利枢纽工程是治理开发黄河的关键性工程,属国家"八五"重点项目,工程于 1997 年截流,2001 年底竣工。小浪底水利枢纽工程的开发目标是以防洪、防凌、减淤为主,兼顾供水、灌溉和发电等。水库总库容 126.5 亿 m³,调水调沙库容 10.5 亿 m³,死库容 75.5 亿 m³,有效库容 51.0 亿 m³。总装机容量为 180 万 kW(6 台 30 万 kW 混流式发电机)的地下发电厂房,高 160 m、长 1 667 m 的黏土斜心墙堆石坝,巍峨的进水塔,壮观的出水口,在不足 1 km² 范围内纵横交错的 108 条洞群等,使小浪底水利枢纽工程具备了防洪、防凌、发电、排沙等多项功能,是旅游者观赏黄河沧桑巨变的一大景观。

西霞院反调节水库是黄河小浪底水利枢纽的配套工程,位于小浪底坝址下游 16 km 处的黄河干流上,下距郑州市 116 km。开发任务以反调节为主,结合发电,兼顾灌溉、供水等综合利用。

黄河右岸直接流入黄河的有青河、畛河等众多小支流。

2.3.2　洛河

洛河,古称雒水,是黄河右岸重要支流。洛河发源于陕西省华山南麓蓝田县灞源乡木岔沟笋园泉和洛南县西北部的洛源乡黑章村龙潭泉,两源在洛南县洛源乡汇合后向东流,在卢氏县河口街进入河南省境,到卢氏、洛宁交界处的故县水库入洛阳市境,然后向东北流经洛宁、宜阳、洛阳市洛龙区至偃师市山化乡出境,在巩义市神堤汇入黄河,干流全长 446.9 km,流域面积 18 881 km²(含伊河)。其中境外干流长 252 km,流域面积 7 969.8 km²,境内干流长 195 km,流域面积 10 911.2 km²。

洛河是潼关以下黄河上的最大支流,水利开发历史悠久。特别是河南省境内,《水经注·谷水注》称,西周时洛阳附近,已修有汤渠。唐代曾引伊、洛水灌溉地势较高的农田,是形成古代经济文化中心的重要地理条件。以后历代都有增建,特别是新中国成立后,形成了伊河陆浑灌区、伊东灌区、洛宁县引洛灌区、宜阳引洛灌区等分布广泛、完善的灌溉体系,对当地经济社会发展作用很大。

洛河在中华文明的发展中占有重要地位,其与黄河交汇的中心地区被称为"河洛地区",是华夏文明发祥地,河洛文化被称为中华民族的"根文化"。

2.3.3　伊河

伊河为洛阳市境内的第二大河,也是洛河的最大支流,发源于洛阳境内熊耳山南麓的栾川县陶湾镇,流经嵩县、伊川,蜿蜒于熊耳山南麓、伏牛山北麓,穿伊阙而入洛阳,向东北至偃师杨村汇入洛河,与洛水汇合成伊洛河。全长 265 km,流域面积 6 041 km² 以上。中国著名的世界文化遗产龙门石窟就在伊河两岸。

在栾川县境,自陶湾镇三合村闷顿岭发源地,经陶湾镇、石庙乡、栾川乡、城关镇、庙子乡、大清沟乡,至潭头乡汤营村伊河出境处,计 11 km,流域面积 1 053 km² 以上,河床宽度百米左右,水面宽 10 ~ 20 m 不等,年均径流量 3.68 亿 m³。

在嵩县境,从栾川县潭头镇汤营村入境,沿外方山与熊耳山之间自西南向西北流经嵩县的旧县、大章、德亭、何村、纸房、城关、库区、饭坡、田湖 9 个乡(镇)69 个村,在田湖镇千秋村出境(海拔 150 m),伊河出嵩境,入伊川。嵩县段河床总长80 km,流域面积 1 731 km²,河床平均宽度 1 500 m,常年有水,平均流量 10 m³/s,旱季最小流量 1.1 m³/s(1978 年 4月),雨季最大流量 4 800 m³/s(1982 年 7 月)。

在伊川县境,由嵩县田湖镇入县境,流经酒后、鸣皋、葛寨、白元、平等、城关、水寨、彭婆等 8 个乡(镇)66 个村,至城关镇的郭寨村入洛阳市郊龙门境。境内干流 41.3 km,流域面积 943.4 km²。

在洛阳市洛龙区境内,由龙门镇魏湾村入境,至李楼乡西石坝出境,境内长 17 km,流域面积 68 km²。河道流向东北,河床为砂卵石结构。年平均径流量 14.9 亿 m³,径流深 224.4mm。1993 年,在龙门桥下游 250 m 处设橡皮坝,长 302 m,形成水面 44 hm²,蓄水量 89 万 m³。

在偃师县境,伊河自西向东,北岸流经后石罢、黄庄、王庄、相公庄、西田村、东田村、宁庄、前王、王七、甄庄、仝庄、赵庄街、东庄、岳滩;南岸流经西马村、西棘、康庄、白塔、黑龙庙、杨湾、新民、袁村、东石罢、草店、门店、西彭店、高崖、赵寨、半个寨、王岔沟、段湾、苗湾、任庄、顾县、安难、枣庄、杨村。伊河偃师段河长 37 km,占伊河全长 347 km 的 10.7%,流域面积 565 km²,占全县总面积的 59.9%,河床最宽处(东石罢)3.2 km,最窄处(安滩)0.38 km,纵坡出龙门口由几百分之一变为 1/3 000 左右。河床由卵石、泥沙构成,渗水性好。

2.3.4　涧河

涧河为洛河的第二大支流,发源于三门峡市陕县观音堂北马头山,至新安县铁门镇吴庄入洛阳市境,至洛阳市洛龙区瞿家屯入洛河,全长 105 km,集水面积 1 430 km²。其中在洛阳市境内河长 75 km,流域面积 708 km²。

2.3.5　北汝河

北汝河,俗称汝河,属淮河流域颍河水系,发源于河南省嵩县车村镇栗树街村北分水岭撺撺沟,流经汝阳、汝州、郏县,在襄城县丁营乡崔庄南(一说简城)汇入沙河,全长 250 km,流域面积 6 080 km²。北汝河在洛阳境内河长 102 km,流域面积 2 055.9 km²。

嵩县境,汝河干流自发源地流出后沿伏牛山与外方山之间自西南向东北经车村、木植街、黄庄 3 个乡(镇)63 个村,至黄庄乡楼子沟村出境。嵩县段全长 70 km,河床从海拔 2 129 m 下降到 370 m,平均宽度 300 m 左右,流域面积 986 km²。

汝阳县境,汝河自竹园乡上庄村娄子沟入境,曲折东流,经竹园、柏树、上店、城关、小店5个乡(镇),至小店乡黄屯村东北入汝州市境。流经汝阳县境 35.4 km,流域面积 1 158.97 km²,是汝阳最大的河流。河道坡降 1/300 ~ 1/200。以上店乡西庄村为界,以上为山地型河川,呈"V"形河谷;以下具平原型河道特色,除武湾附近有 1 km 长的峡谷外,大部分河段摆动在平岗谷地之间,河道宽 60 ~ 100 m,前坪以上平均流量 20 m³/s。

北汝河历史悠久,为古汝水北段演变而来。该流域为淮河流域的暴雨中心,洪涝灾害较多,历史上多有治理。

北汝河流域是淮河流域的暴雨中心区之一,1982 年和 1943 年曾分别发生超过 7 000 m³/s 及 1 万 m³/s 的特大洪水,给下游造成了极大的人员伤亡及财产损失。

嵩县段常年平均流量 5 ~ 10 m³/s,最小流量 0.5 m³/s,最大流量 6 280 m³/s(1982 年 7 月 30 日)。正常年景,汝河每年12 月到次年 1 月结冰,冰层 2 cm 左右。

汝阳县境紫逻口水文站观测平均流量为 16.6 m³/s,汛期最大流量 7 050 m³/s(1982 年 7 月 30 日),每年枯水季节的流量不超过 2.5 m³/s。

2.3.6　瀍河

瀍河发源于孟津县横水镇东边的寒亮村,途经会瀍沟、马屯、班沟、九泉、寺河南,由牛步河入瀍沟。进入瀍沟以后,偎着山崖,穿过刘家寨、前李、后李,由洛阳瀍河区的下园汇入洛河。

2.3.7　淯河

淯河属长江流域丹江水系,发源于栾川县冷水乡小庙岭西麓,向西流经三川、叫河出境,入三门峡市卢氏县后称老灌河。境内干流总长 48 km,集水面积 222 km²。

2.3.8　白河

白河属长江流域唐白河水系,发源于嵩县白河乡伏牛山玉皇顶白云山东麓,向东南出境,入南阳市南召县。境内干流总长 35 km,集水面积 305 km²,落差 950 m,比降 27‰。

2.4　土壤、植被

2.4.1　土壤

洛阳市地处河南省中西部,按地带性土壤划分,属褐土地带。据调查,按照土壤分类系统,洛阳共有 5 个土纲 12 个土类 25 个亚类,63 个土属 138 个土种。在 12 个土类中,广泛分布的主要是棕壤土、褐土、红黏土、潮土 4 类。其他土类仅有零星分布。

2.4.1.1　棕壤土

此类土壤主要分布在海拔 1 000 m 以上的西南部中山区,如栾川、嵩县大部分地区,汝阳、洛宁部分地区和新安、宜阳少部分地区。

2.4.1.2　褐土

褐土是境内主要的地带性土壤之一,广泛分布于棕壤土以北及东北部的半湿润半干旱的丘陵区。洛宁、嵩县、栾川、新安、宜阳、汝阳等地均有分布。

2.4.1.3　红黏土

红黏土主要分布在北部海拔 300～1 000 m 之间的水土流失严重的黄土丘陵区和低山丘陵的中上部,遍及各县(市、区)。面积 16.698 0 万 hm^2,占总土壤面积的 12.17%,此类土壤棕红色或暗红色,质地黏重、致密、干硬,易板结,透水透气性较差,耕性不好,但土壤含钾量高,保肥性好,属低产土壤,适宜烟叶、花生、红薯等耐旱作物及经济林、刺槐和生态林的发展。

2.4.1.4　潮土

潮土也称冲积土,属半水成土纲。主要分布在黄河、洛河、伊河、汝河、涧河等河流下游滩地和两岸的一、二级阶地上。

2.4.2　植被

洛阳市属暖温带落叶阔叶林带,境内森林资源丰富,是河南省的重点林区之一,全市有高等植物 173 科 830 属 2 308 种及 198 个变种、6 个变型。全市现有国有林场 16 个,经营面积 137 万亩。现有湿地 74.5 万亩。现有国家级自然保护区 2 处、省级自然保护区 1 处,保护区总面积 112 万亩。现有国家和省级森林公园 15 个、省级生态旅游区 2 处。全市森林覆盖率 47%,占全市国土面积的 52.6%。

2.5 自然资源

2.5.1 土地资源

洛阳市地处豫西中部,境内土地资源相对丰富,主要土地利用类型有耕地、林地、草地、城镇和工矿用地等,适宜于多种农作物生长。其中耕地总面积 43.17 万 hm^2,约占全省耕地总面积的 5.8%,占全市土地总面积的 28.33%,但人均耕地面积少,且开发程度较高,可供开发的后备土地资源少。

2.5.2 水资源

洛阳市地处丘陵山区,降水、地表水量从南向北、从西到东减少,降水量分布趋于南部大于北部,西部大于东部。气候状况(降水、蒸发、气温)和下垫面条件(地形、土壤、植被、地质等)是直接影响径流形成及分布的主要因素。

根据《洛阳市水资源评价报告》,洛阳市多年平均径流深 183.8 mm,全市多年平均水资源总量为 28.15 亿 m^3,其中地表水资源量为 26.53 亿 m^3,地下水资源量为 17.76 亿 m^3,两者之间的重复计算量为 16.14 亿 m^3。

2.5.3 矿产资源

洛阳市矿产资源比较丰富。在已发现的 76 种矿产中,探明储量的有 41 种,其中金属矿产探明储量的有 18 种,主要有钼、钨、铅锌、铝土、金、铼和镓;非金属矿产探明储量的有 20 种,主要有白云岩、硫铁矿、伴生硫、玄武岩、花岗岩、耐火黏土和多种玉石;能源矿产探明储量的主要有煤和石油。钼矿、铝土矿、金银矿、铅锌矿和煤矿为洛阳市的优势矿产,钼矿储量位居亚洲第一、世界第三,栾川钼矿为亚洲第一大矿。

2.5.4 风景旅游资源

洛阳市是历史文化名城和著名旅游城市,被誉为"千年帝都,牡丹花城",人文景观和自然景观资源丰富。旅游资源单体涵盖了 8 大类 30 个亚类 152 个基本类型,共有 6 362 个单体。其中,五级 671 个,四级 1 156 个,三级 2 202 个,为发展旅游业提供了得天独厚的条件。现有 5A 级景区 1 家、4A 级景区 14 家、3A 级景区 10 家、2A 级景区 1 家。著名人文景观有世界文化遗产龙门石窟、佛教"释源""祖庭"白马寺旅游区、夏二里头遗址、偃师商城、东周王城、汉魏故城、隋唐洛阳城等,自然景观有被称为"北方第一溶洞"的栾川鸡冠洞、世界地质公园黛眉山、国家级森林公园嵩县白云山、栾川龙峪湾;还有集人文景观与自然景观于一体的黄河及小浪底 - 西霞院风景区。

2.6 社会经济

2015 年末洛阳市总人口 700.28 万人,其中农业人口 345.26 万人,劳动力人口 248.58 万人。全市平均人口密度 459.6 人/km²。

洛阳市是中部地区重要的工业城市,2015 年全市实现生产总值 3 508.8 亿元,同比增长 9.2%。其中,第一产业增加值 236.4 亿元,增长 5.0%;第二产业增加值 1 740.7 亿元,增长 8.9%;第三产业增加值 1 531.7 亿元,增长 10.3%。三次产业结构为 6.7:49.6:43.7。

2015 年农作物总播种面积 705 093 hm²。粮食作物播种面积 528 824 hm²,包括夏收粮食 251 420 hm²,秋收粮食 277 404 hm²。其中谷物播种面积 464 746 hm²,豆类播种面积 33 841 hm²,油料播种面积 45 923 hm²,棉花播种面积 2 575 hm²,烟叶播种面积 28 576 hm²,蔬菜播种面积 60 227 hm²,瓜果播种面积 6 427 hm²,其他农作物播种面积 5 966 hm²。

2015 年全市城镇居民人均可支配收入达到 41 254 元,实际比上年增长 9.4%;农村居民人均纯收入 22 702 元,实际增长 11.4%。城镇居民人均消费支出 25 412 元,农村居民人均消费支出 13 974 元,人民的生活水平和生活质量稳步提高。

第 3 章　洛阳橡胶坝概况

洛阳橡胶坝建设起步较早,经历40多年时间已建成50多座橡胶坝。有伊洛河上的景观水面工程橡胶坝,有电站渠首坝坝顶溢流堰上的溢流橡胶坝,有瀍河、涧河上的景观橡胶坝;有充水的橡胶坝,也有充气的橡胶坝;有多跨的,也有单跨的。最大坝高达到5 m,最长橡胶坝长898 m,最大库容514万 m³。

河南省第一座橡胶坝——瀍河橡胶坝就诞生在洛阳。瀍河橡胶坝位于洛阳市瀍河区中州渠与瀍河交汇处,地处洛阳东车站繁华区,属中州渠与瀍河的交叉建筑物,是全国第二批、河南省第一座橡胶坝试点工程,由省拨款兴建。该坝于1968年开始设计,1969年4月建成。

瀍河橡胶坝设计坝高3.5 m,两岸1:2边坡连接。坝底长30 m,顶长44.8 m。采用内外水压比1.3,安全系数3.67,坝袋周长18.83 m,其中贴地部分6.7 m,充胀体积789 m³。坝袋由2层锦纶帆布、3层氯丁橡胶压合而成,厚4.5 mm,采用双点压板螺栓锚固。在左岸凿40 m深井,抽井水入供水池自压向坝内充水。橡胶坝基本情况调查表见表3-1。

表 3-1　洛阳市橡胶坝基本情况调查表

序号	名称	建成年份	坝长(m)	坝高(m)	河道宽(m)	跨数及每跨长度(跨,m)	设计蓄水量(万 m³)	坝底板高程(m)
1	偃师市洛河橡胶坝	2011	400	3	638.4	5,80	480	112.4
2	洛宁县一级橡胶坝水面工程	2016	354	3	450	4,87	106.5	310.65
3	洛宁县二级橡胶坝水面工程	2016	363.4	5	450	5,71	186.5	305.39
4	洛宁县三级橡胶坝水面工程	2016	287	5	400	4,70	195.2	299.5

续表 3-1

序号	名称	建成年份	坝长（m）	坝高（m）	河道宽（m）	跨数及每跨长度（跨，m）	设计蓄水量（万 m³）	坝底板高程（m）
5	孟津县瀍河公园橡胶坝	2016	142	5	142	2,71	47.5	225.5
6	嵩县前河水电站渠首坝	1997	131.5	3	130~300	8,14.5	424.0	433.3
7	嵩县汝河黄庄橡胶坝	2017	43	5	98	40	43.2	405.8
8	伊川县二号橡胶坝	2005	270	4.5	300	3,90	120	171.2
9	伊川县三号橡胶坝	2014	286.2	4	306	4,70	120	173

续表 3-1

序号	名称	建成年份	坝长（m）	坝高（m）	河道宽（m）	跨数及每跨长度（跨,m）	设计蓄水量（万 m³）	坝底板高程（m）
10	洛河西段生态河道一级水面工程	2010	304.8	2	600.8	3,100	130	147.7
11	洛河西段生态河道二级水面工程	2010	304.8	1.5	639.8	3,100	105	146
12	洛河周山水面工程	2004	533	4.3(中跨),3.0(边跨)	583.18	中跨4,80 + 边跨2,102	514	中跨141.5,边跨142.8
13	洛河上阳宫水面工程	2000	615	4.2(中跨),2.5(边跨)	666.2	中跨4,80 + 边跨2,72	369	中跨136.5,边跨138.2

续表3-1

序号	名称	建成年份	坝长(m)	坝高(m)	河道宽(m)	跨数及每跨长度(跨,m)	设计蓄水量(万m³)	坝底板高程(m)
14	洛河同乐园水面工程	2002	534	3.7(中跨),2.0(边跨)	584.14	中跨4,80+边跨2,104.5	327	中跨132.1,边跨133.8
15	洛河洛神浦水面工程	2003	547	4.0(中跨),2.5(边跨)	597.18	中跨4,80+边跨2,110	504	中跨127.6,边跨129.1
16	洛河华林园水面工程	2010	489	3.5(中跨),2.5(边跨)	599.35	中跨4,80+边跨2,80	468	中跨122.5,边跨123.5
17	涧河王城湖调蓄工程	2014	58.6	3	80	58.6	26	141
18	伊河一级水面工程	2011	489.4	4.5(中跨),3.0(边跨)	647.2	中跨4,75+边跨2,90	233.29	141.5

续表 3-1

序号	名称	建成年份	坝长(m)	坝高(m)	河道宽(m)	跨数及每跨长度(跨,m)	设计蓄水量(万m^3)	坝底板高程(m)
19	伊河二级水面工程	2013	509.4	4.0(中跨), 2.5(边跨)	703.6	中跨4,80+边跨2,90	186.13	134.5
20	伊河三级水面工程	2013	368	4.0(中跨), 2.5(边跨)	503	中跨3,80+边跨2,60	112.9	128
21	伊河四级水面工程	2013	479.4	3.5(中跨), 2.5(边跨)	611.8	中跨4,75+边跨2,85	239.08	123.8
22	伊河五级水面工程	2013	358	4.5(中跨), 2.5(边跨)	510	中跨3,70+边跨2,70	476.74	118
23	洛阳市洛河东段太平橡胶坝工程	2012	508	2	898	5,100	185	119.8

续表 3-1

序号	名称	建成年份	坝长（m）	坝高（m）	河道宽（m）	跨数及每跨长度（跨,m）	设计蓄水量（万 m³）	坝底板高程（m）
24	涧河同乐湖调蓄液压坝	2016	48	4.5	96	8,6	26	144
25	白村渠首改建	2013	326.8	2.5	326	4,80	189	150
26	朱樱湖液压坝	2016	60	4	60	10,6	36	141
27	宜阳县第一级橡胶坝（灵山坝）	2012	428	3.5	430	6,60	260.45	206.3
28	宜阳县第二级橡胶坝（甘棠坝）	2014	382.6	5.00	430	5,75	265.6	199.23

续表 3-1

序号	名称	建成年份	坝长（m）	坝高（m）	河道宽（m）	跨数及每跨长度（跨,m）	设计蓄水量（万 m³）	坝底板高程（m）
29	宜阳县第三级橡胶坝（韩都坝）	2014	333.4	5.00	430	5,70	225.5	194.03
30	宜阳县第四级橡胶坝	2010	382.6	2.00	430	5,75	52.5	193.8
31	宜阳县第五级橡胶坝	2010	421.13	3.0~4.0	430	5,75	155	187.8~188.8
32	宜阳县第六级橡胶坝	2011	422.6	3.0~4.0	430	5,75	222.2	183.0~184.0
33	宜阳县第七级橡胶坝	在建	407.6	5.00	430	5,80	284.4	177.2

续表 3-1

序号	名称	建成年份	坝长（m）	坝高（m）	河道宽（m）	跨数及每跨长度（跨，m）	设计蓄水量（万 m³）	坝底板高程（m）
34	宜阳县第八级橡胶坝（锁营坝）	在建	407.6	5.00	430	5，80	276.5	172
35	栾川城区一级橡胶坝（伊尹桥下）	2010	70	3.5	83	单跨	11	
36	栾川城区二级橡胶坝（农贸市场）	2010	64	3.0	77	单跨	9.2	

续表 3-1

序号	名称	建成年份	坝长（m）	坝高（m）	河道宽（m）	跨数及每跨长度（跨，m）	设计蓄水量（万m³）	坝底板高程（m）
37	栾川城区三级橡胶坝（s桥）	2005	63	2.2	70	单跨	6.71	
38	栾川城区四级橡胶坝（君山饭店后）	2005	83	3.3	102	单跨	10.9	
39	栾川城区五级橡胶坝（君山广场）	2005	83	4.0	102	单跨	13.7	

续表 3-1

序号	名称	建成年份	坝长（m）	坝高（m）	河道宽（m）	跨数及每跨长度（跨，m）	设计蓄水量（万 m³）	坝底板高程（m）
40	栾川城区六级橡胶坝（大张）	2016	83	3.5	102	单跨	9.1	
41	栾川城区七级橡胶坝（七里坪）	2010	83	4.2	102	单跨	27.61	717.4
42	汝阳县北汝河第四级C型橡胶坝	2016	421	4（中跨），3.5（边跨）	421	6,69	108	309.5

续表 3-1

序号	名称	建成年份	坝长（m）	坝高（m）	河道宽（m）	跨数及每跨长度（跨，m）	设计蓄水量（万 m³）	坝底板高程（m）
43	汝阳县北汝河城区段隆盛路桥橡胶坝	2016	386.2	4（中跨），3.5（边跨）	387	中跨 2,89 +边跨 2,50	106.9	305.5
44	新安县产业集聚区（新安县豫晋路桥—北京路桥段三级橡胶坝）	2014	130	3.5	130	130	14.88	259
45	新安县产业集聚区（新安县豫晋路桥—北京路桥段二级橡胶坝）	2011 年5 月开建	130					

续表 3-1

序号	名称	建成年份	坝长（m）	坝高（m）	河道宽（m）	跨数及每跨长度（跨，m）	设计蓄水量（万 m³）	坝底板高程（m）
46	新安县产业集聚区（新安县豫晋路桥—北京路桥段一级橡胶坝）	2011年5月开建	130					
47	新安县铁塔山橡胶坝	2009	72	3.3	72	72	13.5	244.70
48	新安县柳树园橡胶坝	2009	75	3	75	75	12.0	241.40
49	新安县洛新工业园一级橡胶坝工程	2009	82.4	4	82.4	82.4	22.3	167.66

续表 3-1

序号	名称	建成年份	坝长（m）	坝高（m）	河道宽（m）	跨数及每跨长度（跨，m）	设计蓄水量（万 m³）	坝底板高程（m）
50	洛宁崇阳电站渠首坝	2014	176.3	24.9		112	987	425.8
51	栾川金牛岭电站	2014	245	41.75	132	6，20	2 360	640

3.1 洛阳橡胶坝的建设

随着洛阳地区经济的快速发展,景观水面的建设需求日渐强烈。在各城区适宜地段几乎都修建了橡胶坝。不同地段橡胶坝的修建因各地的水文、地质条件不同,而各有特点,在运行管护中也表现出了各自的差别。

3.1.1 伊河栾川橡胶坝

伊河发源于栾川,栾川钼的储量位居亚洲第二,经济发展很快;同时,栾川位于伏牛山腹地,海拔在 600 ~ 850 m,年降水量达到 800 mm,是洛阳地区降水量最大的县,山清水秀,风景秀丽,有"全景栾川"的美誉,是旅游大县。栾川县城位于老君山下的河谷阶地之上,县城跨伊河而建,伊河流经县城中间,河道宽度在 70～110 m 之间。第一期于 2005 年在君山广场及上下游修建了三级橡胶坝,坝长分别为 63 m、83 m、83 m,库容分别为 10.9 万 m³、13.7 万 m³、9.1 万 m³,坝高分别为 3.3 m、4.0 m、3.5 m。该地段基岩埋藏浅,多为古生代片麻岩,这三级橡胶坝的齿墙均嵌入基岩,坝上游两岸护坡底部齿墙也嵌入基岩。之后又在这三级坝的上下游修建了三级橡胶坝。

2010 年 7 月 24 日,栾川遇到了大暴雨,县城段河水出槽,淹没了大片房屋和村庄,冲垮了多处桥梁,潭峪沟拱桥垮塌,龙王幢电站机房被淹,造成了极大的人员和财产损失。

事后对建成的三座橡胶坝进行检查时发现,虽然发洪水时塌坝运行,但三座橡胶坝坝袋多处损伤,随即对君山广场上下游的两级坝袋进行了更换,对君山广场坝坝袋经财政招标后运到厂家进行了修补。

2013 年 2 月 27 日下午 1 点半左右,该级橡胶坝突然垮坝。当时河道下游有一民工徒步穿越河道,被洪峰卷走。据调查,该坝设计蓄水库容 13.7 万 m³,当时并未满坝运行,垮坝时的库容在 7 万 m³ 以上。在事发上午,有群众发现坝袋上有筷子粗细的一处射流在喷射。经检查,该坝袋上有上百个补丁,有用螺丝和铁片夹补的,也有用橡胶粘补的。在距离左岸坝头 26 m 的位置,坝袋被截然撕裂,形成了顺水流方向 3 m 左右、沿坝袋轴线方向长 24 m 多的开膛式口子,爆裂点位于坝袋下游三分之一高度的地方。经检查,爆裂点处有一处类似 L 形热力夹具夹过的烙印,在烙印的拐弯处形成爆裂点,该处坝袋厚度有 5～6 mm,比其他部位薄了 3 mm 左右。事后对该坝带进行了更换。

到 2017 年 6 月初,城区段上游一座尾矿库排水竖井出现险情,河道内被尾矿渣淤积,橡胶坝上游坝前预留的空间被淤满。在清理淤积矿渣时部分坝袋又被划破。其他坝袋在不同时期洪水中均有不同程度的损坏。

实践证明,在河道的上游修建橡胶坝不是最佳方案,因河道坡降大,易发洪水,洪水中的块石、树枝等杂物容易对坝袋造成损伤,在安全性、功能性和橡胶坝的寿命上存在问题。该县目前在水面工程中采用了液压坝。

3.1.2 汝阳、嵩县、洛宁橡胶坝

汝阳、嵩县、洛宁三座县城虽然分别处于北汝河、伊河和洛河之上,但是在坝址区的地质条件上有其共性。

汝阳县在城区段修建了三座橡胶坝,坝高 4 m,共 6 跨,坝长 400 m 左右。

洛宁修建了三级橡胶坝,其中两座坝高 5 m。一级坝坝高 3

m,坝长 354 m,库容 106.5 万 m³。二级坝坝高 5 m,坝长
363.4 m,库容 186.5 万 m³。三级坝坝高 5 m,坝长 287 m,库
容 195.2 万 m³。

嵩县橡胶坝设计坝高 4 m,设计坝长 429.4 m,设计库容
210 万 m³,目前正在修建之中。

这三个县城的城区河道段均位于河谷出口段,基岩埋藏

深度在 4~15 m 之间,河道沉积物颗粒较粗大,地层透水性好,但坝体稳定性较好。因而,水平防渗和垂直防渗就成了主要问题。例如,汝阳三级坝左岸就出现了蓄水后的外涝问题。针对这些地段的橡胶坝,采取坝前设置防渗墙、防渗墙与坝底板之间设置混凝土铺盖、设置坝前水平防渗、岸边高水位地段设置防渗墙和加深齿墙的做法去处理,特别是做好垂直防渗至关重要。通过这些处理,收到了明显的效果。

3.1.3　伊川、宜阳及洛阳城区洛河西段橡胶坝

伊川在城区伊河段修建了两级橡胶坝。一级坝坝高 4.5 m,坝长 270 m,库容 120 万 m³。二级坝坝高 4 m,坝长 286.2 m,库容 120 万 m³。

宜阳在城区洛河段共修建了八级橡胶坝,二、三、七、八级

坝坝高 5 m, 其他坝高 2 ~ 4 m, 采用阶梯式连续修建。单坝最大库容 284.4 万 m³, 总库容 1 742.15 万 m³。

洛河城区西段有三级橡胶坝。

（1）白村渠首改建工程于 2013 年建成。橡胶坝坝长 326.8 m，坝高 2.5 m，河道宽 326 m，共 4 跨，每跨长 80 m，设计蓄水量 189 万 m³，坝底板高程 150 m。截至目前没有出现问题。

（2）洛河西段生态河道一级水面工程于 2010 年建成。橡胶坝坝长 304.8 m，坝高 2 m，河道宽 600.8 m，共 3 跨，每跨长 100 m，设计蓄水量 130 万 m³，坝底板高程 147.7 m。

（3）洛河西段生态河道二级水面工程于 2010 年建成。橡胶坝坝长 304.8 m,坝高 1.5 m,河道宽 639.8 m,共 3 跨,每跨长 100 m,设计蓄水量 105 万 m^3,坝底板高程 146 m。

这几级坝位于河道的中游,河道的沉积物多为伊洛河一级阶地及漫滩地带砂卵石,地层分选性一般,级配较好,地层水平方向渗透性较好;基岩埋深 3~7 m,橡胶坝齿墙进入基

岩 1~2 m,坝上游进行了 80~100 m 水平铺盖防渗。

3.1.4 洛阳市区段橡胶坝

洛阳市区段在洛河上修建了六级橡胶坝,在伊河上修建了七级橡胶坝,在涧河上修建了两级橡胶坝和一级液压坝。

3.1.4.1 洛河橡胶坝

(1)洛河周山水面工程于 2004 年建成。坝长 533 m,坝高 4.3 m(中跨)、3.0 m(边跨),河道宽 583.18 m,共 6 跨(中跨 4 跨,每跨长 80 m;边跨 2 跨,每跨长 102 m),设计蓄水量 514 万 m^3,坝底板高程中跨 141.5 m、边跨 142.8 m。曾经出现的问题是第三跨坝底板及伸缩缝漏水,第四跨坝底板漏水,第六跨两头坝底板及伸缩缝漏水,陡坡段底板有裂缝。

　　(2)洛河上阳宫水面工程于 2000 年建成,目的是营造水面、改善景观、补充地下水源。河道宽 666.2 m,坝长 615 m,坝高分主槽与边滩,主槽内 4 m、4.2 m,边滩 2.5 m,采用混凝土楔块锚固,水源为机井。共 8 跨(中跨 4 跨,每跨长 80 m;

边跨 2 跨,每跨长 72 m),设计蓄水量 369 万 m³,坝底板高程中跨 136.5 m、边跨 138.2 m,第一、二、七、八跨坝袋搭接处曾经出现裂缝。

（3）洛河同乐园水面工程于 2002 年建成。坝长 534 m，坝高 3.7 m（中跨）、2.0 m（边跨），河道宽 584.14 m，共 6 跨（中跨 4 跨，每跨长 80 m；边跨 2 跨，每跨长 104.5 m），设计蓄水量 327 万 m³，坝底板高程中跨 132.1 m、边跨 133.8 m，采用砌块锚固，水源为机井。曾经因砌块老化，于 2016 年进行坝袋更换。因橡胶坝原锚固槽结构所限，本次仍然采用砌块锚固。

洛河同乐园橡胶坝为洛阳第六座橡胶坝。

(4)洛河洛神浦水面工程于 2003 年建成。坝长 547 m,坝高 4.0 m(中跨)、2.5 m(边跨),河道宽 597.18 m,共 6 跨(中跨 4 跨,每跨长 80 m;边跨 2 跨,每跨长 110 m),设计蓄水量 504 万 m³,坝底板高程中跨 127.6 m、边跨 129.1 m。曾经出现的问题是坝袋整体老化,第三、四跨斜坡段裂缝、塌陷,第二跨斜坡段裂缝、变形。

(5)洛河华林园水面工程于 2010 年建成。坝长 489 m,
坝高 3.5 m(中跨)、2.5 m(边跨),河道宽 599.35 m,共 6 跨
(中跨 4 跨,每跨长 80 m;边跨 2 跨,每跨长 80 m),设计蓄水
量 468 万 m^3,坝底板高程中跨 122.5 m、边跨 123.5 m。曾经
出现的问题是第五跨部分消力池海漫段塌陷,正在修复。

（6）洛河东段太平橡胶坝工程于 2012 年建成。坝长 508 m，坝高 2 m，河道宽 898 m，共 5 跨，每跨 100 m，设计蓄水量 185 万 m^3，坝底板高程 119.8 m。曾经出现的问题是因下游采砂深坑较多，现状下游河床高程比原设计高程低 3~4 m。2014 年汛期洪水冲刷，下游海漫出现变形。后来增加二级消能并延长海漫进行了修复。

该区段橡胶坝位于洛河中游洛阳盆地之中，洛河在该地区发育有三级阶地，橡胶坝建设在洛河一级阶地和河漫滩之上。洛河阶地属于典型的二元结构地层，上部土层厚 1~3 m，为粉质黏土，下部为砂卵石地层，厚度达上百米。属于典型的河相沉积地层，砂卵石一般粒径 5~12 cm，最大粒径可达 15 cm 左右，分选性一般，级配较好，渗透性较好，岩相比较稳定。渗透系数呈现非均质各向异性的特点，水平渗透系数大于垂直渗透系数。在该地段的橡胶坝建设主要采取坝前铺盖的防渗措施。在坝前 100 m 左右的范围内铺设防渗土工布，再用黏土铺盖。该地段的橡胶坝一是早期的砌块锚固弊端较多，二是陡坡段及伸缩缝易出现问题。

3.1.4.2　伊河橡胶坝

（1）龙门景区一级坝，建成于 1993 年，位于龙门桥下游 250 m 处。修建目的是营造水面、改善景观，同时抬高水位，保证伊渠供水。坝高 2.5 m，坝长 302.4 m，形成水面 29.2 hm²，采用混凝土砌块锚固，水源为坝上游集水池与相连的水平滤水管。该坝为洛阳市第二座橡胶坝。

龙门景区二级坝，于 2001 年 6 月开工，2011 年 9 月完成。坝址位于龙门一级坝下游，坝高 2.0 m，坝长 325 m，共 3 跨，水源为坝上游集水井。

（2）伊河龙门景区橡胶坝水面工程于 2011 年建成。坝长 337 m，坝高 4.5 m（中跨）、3.0 m（边跨），河道宽 647.2 m，共 6 跨（中跨 4 跨，每跨长 75 m；边跨 2 跨，每跨长 90 m），设计蓄水量 233.29 万 m³，坝底板高程 141.5 m。曾经出现的问题是第二跨右下游有管涌现象，第五跨右下游浆砌石护坡塌陷。

（3）伊河一级水面工程于 2011 年建成。坝长 489.4 m，坝高 4.5 m（中跨）、3.0 m（边跨），河道宽 647.2 m，共 6 跨（中跨 4 跨，每跨长 75 m；边跨 2 跨，每跨长 90 m），设计蓄水量 233.29 万 m^3，坝底板高程 141.5 m。曾经出现的问题是第二跨右下游有管涌现象，第五跨右下游浆砌石护坡塌陷。

（4）伊河二级水面工程于 2013 年建成。坝长 509.4 m，坝高 4.0 m（中跨）、2.5 m（边跨），河道宽 703.6 m，共 6 跨（中跨 4 跨，每跨长 80 m；边跨 2 跨，每跨长 90 m），设计蓄水量 186.13 万 m³，坝底板高程 134.5 m。曾经出现的问题是第一跨坝袋漏水严重，伸缩缝处有漏水声。

（5）伊河三级水面工程于 2013 年建成。坝长 368 m，坝高 4.0 m（中跨）、2.5 m（边跨），河道宽 503 m，共 5 跨（中跨 3 跨，每跨长 80 m；边跨 2 跨，每跨长 60 m），设计蓄水量 112.9 万 m³，坝底板高程 128 m。曾经出现的问题是左右两岸充水泵坏，坝袋充不上水。

（6）伊河四级水面工程于 2013 年建成。坝长 479.4 m，坝高 3.5 m（中跨）、2.5 m（边跨），河道宽 611.8 m，共 6 跨（中跨 4 跨，每跨长 75 m；边跨 2 跨，每跨长 85 m），设计蓄水量 239.08 万 m³，坝底板高程 123.8 m。曾经出现的问题是左岸管理房低、路面高，大雨时泵房易进水，设计进水管外漏。

（7）伊河五级水面工程于 2013 年建成。坝长 358 m，坝高 4.5 m（中跨）、2.5 m（边跨），河道宽 510 m，共 5 跨（中跨 3 跨，每跨长 70 m；边跨 2 跨，每跨长 70 m），设计蓄水量 476.74 万 m³，坝底板高程 118 m。曾经出现的问题是第二、三、四跨坝袋均有漏水现象，第一跨左下游浆砌石护坡塌陷。

该区段橡胶坝位于伊河中下游洛阳盆地南部，伊河在该地区发育有二级阶地，橡胶坝建设在伊河一级阶地和河漫滩之上。伊河阶地属于典型的二元结构地层，上部土层厚 2~10 m，为粉质黏土，下部为砂卵石地层，厚 2~80 m。属于典型的河相沉积地层，砂卵石一般粒径 50~100 mm，最大粒径可达 150 mm 左右，分选性一般，级配较好，渗透性较好，岩相比较稳定。渗透系数呈现非均质各向异性的特点，水平渗透系数大于垂直渗透系数。在该地段的橡胶坝建设主要采取坝前铺盖的防渗措施。在坝前 100 m 左右的范围内铺设防渗土工布，再用黏土铺盖。该地段的橡胶坝陡坡段及伸缩缝易出现问题。

3.1.4.3　涧河水面工程

（1）涧河王城公园坝建成于 1994 年,位于涧河中州桥上游 30 m 处,目的是营造水面,改善公园景观。坝高 2.5 m,坝长 40 m,采用混凝土楔块锚固,水源为自来水。该坝为洛阳地区第三座橡胶坝。

（2）涧河王城湖调蓄工程于 2014 年建成。坝长 58.6 m,坝高 3 m,河道宽 80 m。共 1 跨,设计蓄水量 26 万 m³,坝底板高程 141 m。曾经出现的问题是坝袋漏水,正在修复。

（3）涧河同乐湖调蓄液压坝于 2016 年建成。坝长 48 m,坝高 4.5 m,河道宽 96 m,共 8 跨,每跨 6 m,设计蓄水量 26 万 m³,坝底板高程 144 m。曾经出现的问题是,2014 年 9 月右岸边坡连续降雨,导致损毁中水管道;2016 年 12 月左岸上游边坡渗漏,导致管涌。

　　该区段橡胶坝位于涧河下游,涧河在该地区属于下切河道,河道下切深度达到十多米,河谷宽 70~100 m,橡胶坝建设在涧河河谷之中,坝基地层多为黄土状土夹含砾粉土。在该地段的橡胶坝建设采取坝前铺盖的防渗措施。该地段的橡胶坝伸缩缝易出现问题,库区及坝端容易出现塌岸及管涌。

3.1.5　瀍河水面工程

瀍河修建了五级水面工程。

（1）瀍河一期在大石桥下游修建了一级橡胶坝,在上游修建了两级橡胶坝,坝长 60 m,坝高 2.5 m。在 2015 年的河道治理中已经废弃。

（2）朱樱湖液压坝水面工程,位于 310 国道与吕祖庙之间,于 2016 年建成。坝长 60 m,坝高 4 m,河道宽 60 m,共 10跨,每跨 6 m,设计蓄水量 36 万 m³,坝底板高程 141 m。

（3）孟津瀍河公园橡胶坝水面工程于 2016 年建成。坝长 142 m,坝高 5 m,设计蓄水量 47.5 万 m³。

瀍河中上游处于邙岭河谷之中,孟津瀍河公园橡胶坝水面工程及朱樱湖液压坝水面工程位于瀍河河谷底部,坝基坐落于黄土状粉质黏土之上,局部含有沙砾石。该地段的橡胶坝伸缩缝易出现问题,库区及坝端容易出现塌岸。

3.1.6　水电站渠首坝溢流段橡胶坝

（1）伊河前河橡胶坝建成于 1996 年,建在嵩县前河水电站渠首连拱坝顶上。坝高 3.0 m,坝长 124 m,共 2 跨,每跨长 62 m,采用混凝土楔块锚固,水源为库水。修建目的是抬高引水位,伊河来洪水时塌坝,以减少上游淹没损失。该坝为洛阳地区第四座橡胶坝。

　　（2）洛宁崇阳电站渠首坝于 2014 年建成。坝长 176.3 m，坝高 24.9 m，共 1 跨，长 112 m，设计蓄水量 987 万 m³，坝底板高程 425.8 m。目前运行正常。

（3）栾川金牛岭电站工程于 2014 年建成。坝长 245 m，坝高 41.75 m，河道宽 132 m，共 6 跨，每跨 20 m，设计蓄水量 2 360万 m³，坝底板高程 640 m。

3.2　橡胶坝的运营管护

　　电站渠首坝上的橡胶坝位于电站大坝的溢流堰上,属于水位、水量调节坝。在水文计算、坝体稳定计算等方面要有足够的论证。运行期间要注意上游漂浮物的拦挡,以免对坝袋造成损伤。

　　洛阳的橡胶坝大多建在洛河、伊河、北汝河、涧河等较大过境河流上,其安全运行对河道防洪及沿岸人民群众的生命财产安全非常重要。因此,在橡胶坝的建设过程中,就非常重视建成后的运营管护问题,超前谋划,在施工过程中由管理机构派人参与施工,工程竣工后由管理机构接管工程。工程竣工验收前,由管理机构会同设计、施工单位遵照有关规范要求,结合工程特点,制定具体管理办法和有关制度。橡胶坝管理机构按运行管理制度进行科学运行。

橡胶坝运行管理机构根据《防洪标准》(GB 50201—2014)、《水闸技术管理规程》(SL 75—2014)、《橡胶坝工程技术规范》(GB 50979—2014)、《橡胶坝坝袋》(SL 554—2011)等有关规程规范,编写了《橡胶坝管理制度》,主要包括橡胶坝工程管理机构编制和工作职责、水面工程管理通告、橡胶坝工程运行管理、橡胶坝管理人员工作职责、橡胶坝工程安全管理制度、橡胶坝工程运行及养护制度、橡胶机电设备的操作与维修保养、橡胶坝工程检查制度、橡胶坝工程防汛度汛等内容,为橡胶坝安全运行奠定了技术基础。

3.2.1　橡胶坝工程管理机构工作职责

负责橡胶坝水面工程的运行和管理,具体如下:

(1)严格执行上级指令,确保工程正常运行。

(2)做好日常检查观测,定期进行养护维修,消除工程隐患,确保工程安全运行。

(3)及时了解气象、雨情、水情变化情况,做好橡胶坝的防洪和防凌工作。

(4)及时打捞清理坝前漂浮物,以免造成对橡胶坝袋的损伤。

（5）定期对机电设备、阀门和其他设施检查保养,保证其完好,操作灵活,正常工作。

（6）加强橡胶坝工程的安全保卫和宣传工作,避免人为损坏橡胶坝袋事件的发生。

（7）做好水面工程运行和管理各项原始资料的收集、整理和建档工作。

（8）配合其他部门做好水面工程范围内的各项工作。

3.2.2　橡胶坝工程运行管理

3.2.2.1　基本要求

（1）保证工程安全,满足度汛要求,充分发挥工程景观效果。

（2）监视工程的运行状况,掌握工程变化规律,为正确管理提供科学依据。

（3）发现异常现象,及时分析原因,立即采取措施,防止隐患进一步扩大,保证工程安全运行。

3.2.2.2　工程运行

（1）在保证橡胶坝安全,满足度汛要求的前提下,尽最大可能保证景观效果。

（2）正常情况下,橡胶坝保持正常高程,汛期按度汛方案规定的高程控制。

（3）非汛期橡胶坝的运行由橡胶坝管理所调度,签署调度令,管理所执行;汛期将按照度汛方案运用,由市防指调度,河道管理局接市防指调度令后,签署升降坝执行命令,管理所执行。

（4）管理所接调度令后,严格按照橡胶坝运行操作规程操作,要准确、快速执行调度令,执行命令负责人和具体执行人要对命令及操作情况做好记录,完成命令后及时报告命令执行、坝体运行及河道过流情况。

3.2.2.3　工程运行管理中的检查

工程运行管理中的检查包括经常检查、定期检查、特别检查。操作运行要把握好两个时期,即枯水期和行洪期。橡胶坝工程检查目的是监视水情和水流形态、工程状态变化和坝袋运用情况,及时发现工程异常现象,分析原因,采取措施,防止工程事故发生。

1.经常检查

用眼看、耳听、手摸等方法对坝体、坝袋、护岸、供电设施、主要机泵设备、供排水管道、充水电动闸阀、排水闸阀及其他机电设备、通信设施、河床冲淤变化,以及管理范围内的河道、堤防和水流形态等进行检查。经常检查应指定专人按岗位职责分工进行。经常检查的周期按规定一般为每月不少于一次,但也应根据工程的不同情况另行规定。重要部位每月可以检查多次,次要部位或不易损坏的部位每月可只检查一次;在宣泄较大流量、出现较高水位时及汛期每月可检查多次,在非汛期可减少检查次数。管理人员经常对橡胶坝工程的坝体、坝袋、护岸、供电设施、主要机泵设备、供排水管道、充水电动闸阀、排水闸阀及其他机电设备、通信设施、河床冲淤变化等进行检查。

实行每日巡视制度,正常情况下每天早、晚两次巡视,发现问题及时处理。在汛期或高水位期间,应增加巡查次数,2~4小时巡视一次。必要时,对可能出现险情的部位昼夜监视。检查完毕后,严格按照规范要求认真填写相关检查记录,确保原始资料的清晰、完整。

经常检查的内容如下:

1)河道工程

注意观测河道内有无打鱼、采砂、漂浮物、淤积物、杂草、种植、弃置废弃物品等现象,河道水质有无污染。

2)护岸工程

检查砌石护坡有无坍塌、松动、隆起、底部淘空、垫层散失,砌石挡土墙有无倾斜、位移(水平或垂直)、勾缝脱落等现象。应注意混凝土护岸有无裂缝、腐蚀、磨损、剥蚀、露筋、松动、架空、隆起、塌陷、损坏;预制混凝土六棱块护岸有无塌陷、松动、隆起、架空、冲走和人为破坏;伸缩缝止水有无损坏、填充物有无流失;伸缩缝止水有无损坏、漏水;预埋件有无损坏等。

3)坝体工程

应注意坝袋表面有无破损;锚固件有无松动;坝袋下游底板上有无异物;充排水设施有无异常现象。时刻注意坝袋高度,严禁坝袋超压运行。冬季,着重检查坝袋内外是否结冰,防止坝袋受损。

4)动力系统

检查动力设备是否运转正常,管路有无堵塞和漏水现象,各阀门启闭是否灵活,制动是否准确,有无腐蚀和异常声响;零部件有无缺损、裂纹、磨损;油压机油路是否通畅,油量、油质是否合乎规定要求,调控装置及指示仪表是否正常,油泵、油管系统是否漏油;电气设备是否安全可靠,供电线路、变压器、配电柜是否正常,接头是否牢固,安全保护装置是否准确可靠,指示仪表是否指示正确,管道、闸阀等易锈件是否锈蚀等。

5）保护区工程

管理范围内有无违章建筑、非法采砂、垦植、倾倒垃圾、船只、漂浮物等危害工程安全的活动。

2.定期检查

每年汛前汛后对橡胶坝工程各部位及各项设施进行全面检查。汛前着重检查岁修工程完成情况，汛后着重检查工程变化和损坏情况。

1）主体建筑物

坝底板连接段有无裂缝、渗漏、沉陷、管涌等情况；中墩、翼墙等工程部位有无裂缝、破损情况，混凝土有无腐蚀、磨损、剥蚀、碳化、露筋及钢筋锈蚀等情况；闸门有无垃圾、表面涂层剥落、门体变形、锈蚀或螺栓、铆钉松动；运转部位的加油设施是否完好；拦河设施有无损坏；冰冻期间是否对坝袋、闸门采取有效的防冰冻措施。

2）附属建筑物

进出口翼墙是否完好，有无倾斜、坍塌、勾缝脱落等；底板、铺盖、消力池、海漫等水下工程有无冲刷破坏；消力池内有无杂物沉积，上、下游引河有无淤积、冲刷；观测设施有无损坏等情况。

3）动力设备

机体表面是否保持清洁；机体连接件是否保持紧固；机械是否运转灵活、制动可靠，转动部分润滑油是否充足，油质油量是否符合要求；动力线路是否损坏，线路布置、保险丝选择是否合理，继电保护装置动作是否可靠；机泵运行时有无异常声响；是否定期清洗保养。

4)机电设备及防雷设施

机电设备、线路是否正常,是否牢固;配电柜接线是否符合规范,绝缘设施配备是否齐全;安全保护装置是否动作准确可靠;指示仪表是否指示正确、接地可靠;建筑物和用电设备接地系统及防雷设施是否正常、接地可靠。

3.特别检查

当老涧河大流量行洪、强烈地震等情况发生时,必须及时做好各项准备工作,特别检查工程主体有无损坏等。

3.2.2.4　制定工程管理办法

根据《水闸技术管理规程》(SL 75—2014)、《橡胶坝工程技术规范》(GB 50979—2014)、《橡胶坝坝袋》(SL 554—2011)等相关的要求,结合工程具体情况,制定切实可行的操作规程、管理办法以及相应的规章制度。

3.2.2.5　工程管理制度

管理制度是指为实现管理目标而制定的人们在生产技术经济等活动中应遵守的行为准则。管理制度是对生产技术、经济规律的反映,是这一规律的纲领性的体现。制定管理制度主要就是为规范和约束人们在管理活动中的行为与做法,防止违反科学规律的随意性的行为发生,以求更好地实现管理目标。如果没有科学严密的管理制度,势必造成职责不清,秩序混乱,现代化大生产就无法正常进行,也就无法实现管理目标。所以,管理制度是实现管理规范化、标准化的必然要求,是实现管理目标必不可少的最为有效的条件。

没有规矩不能成方圆,水利工程同样如此。水利工程管理工作要现代化地跨越发展,建立健全各种管理制度是一个重要环节和保障。在工程历史上,工程管理制度建设在不同工程、不同阶段曾经发挥了很大作用,因此,在今后的工程管理中,按照水利工程管理体制改革与管理科学技术的发展要求,积极探索研究,修定相关的水利管理规章制度,使水利工程管理单位对工程的管理维护有法可依、有章可循,这是非常必要的,也是工程管理进一步迈向规范化运行的必然步骤。所以,在工程管理中,必须加强各项管理制度的建设。

橡胶坝工程安全运行不但涉及工程本身效益的发挥,而且涉及社会一定范围的人民生命与财产安全,所以对橡胶坝工程的维护管理不但是管理单位的责任和义务,而且是全社会的义务。作为管理单位的管理工作,应以工程为核心,不但要做好自身的管理,也要进行社会方面的管理。因此,工程管理涉及宏观性和微观性两个方面的管理。

我国在长期的管理生产实践中相继制定了一系列工程管理制度,其中有对工程起保护作用以满足工程宏观管理需要的法律法规和规章,有对工程专业操作或运行作业程序进行规范以满足微观管理需要的各种技术标准等,这些法律法规和规章及技术标准构成了我国水利工程管理的法规制度标准体系,对橡胶坝工程的运行管理有一定的借鉴意义。

1.工程管理的法律法规

工程管理的法律是国家立法机关通过立法方式颁发的一类管理制度,具有法律效力和强制力,其特征是有明确的法律责任。与工程管理有关的主要法律如《中华人民共和国水法》(简称《水法》)、《中华人民共和国防洪法》(简称《防洪法》)、《中华人民共和国水土保持法》、《中华人民共和国水污染防治法》等。工程管理的法规是国务院或省区市有立法权的地方人大,以法规的方式颁发的,一般都是针对某一特定的工程对象或工作而制定的办法、条例。如《中华人民共和国防汛条例》、《中华人民共和国河道管理条例》、《水库大坝安全管理条例》、《河南省实施〈中华人民共和国防洪法〉办法》、《洛阳市城市渠道管理条例》等。

2.工程管理的规章

工程管理的规章是国务院或省区市人民政府及水行政管理等部门,以行政法规的方式颁发的一类工程管理制度,一般都是针对某一特定的工程对象或工作而制定的规定、办法等。如《关于在水利工程管理单位试行〈水利单位管理体系要求(试行)〉的通知》、《水利部关于印发〈关于加强河湖管理工作的指导意见〉的通知》、《水利部关于进一步明确和落实小型水库管理主要职责及运行管理人员基本要求的通知》(水建管〔2013〕311 号)、《水利部关于加强水库大坝安全监测工作的通知》(水建管〔2013〕250 号)、《水库大坝安全鉴定办法》、《综合利用水库调度通则》、《灌排泵站设备管理办法》、《关于印发〈水利工程管理考核办法〉及其考核标准的通知》(水建管〔2008〕187 号)等。

3.工程管理的技术标准

工程管理的技术标准指针对某一建筑构成或某一类设备的运行,根据其运行规律和技术安全标准要求制定的各环节的操作或工作程序和方法的总体规定。

如泵站运行管理规程,就包含运行管理制度、设备运行的开停操作制度、变配电设备的操作规定、运行事故处理制度等。

其他如水库水闸调度规程、水工建筑物检查观测规程、养护维修规程、闸门启闭操作规程、机电设备操作维修和安全技术规程、安全工作规程、检修规程。

工程管理的技术标准一般由国家相应的技术主管部门制定颁发,管理单位据此制定细则。如《防洪标准》(GB 50201—2014)、《水工钢闸门和启闭机安全运行规程》(SL 722—2015)、《水利水电工程钢闸门设计规范》(SL 74—2013)、《水闸安全鉴定规定》(SL 214—98)、《水闸技术管理规程》(SL 75—2014)、《水闸设计规范》(SL 265—2016)、《水闸施工规范》(SL 27—2014)、《水利水电工程质量通病防治手册》(SL/Z 690—2013)、《水工金属结构防腐蚀规范》(SL 105—2007)、《橡胶坝技术规范》(SL 227—98)、《色漆和清漆多组分涂料体系适用期的测定 样品制备和状态调节及试验指南》(GB/T 31416—2015)、《现场设备、工业管道焊接工程施工规范》(GB50236—2011)、《水利水电工程管理技术术语》(SL 570—2013)、《水工金属结构术语》(SL 543—2011)、《橡胶坝工程技术规范》(GB 50979—2014)、《橡胶坝坝袋》(SL 554—2011)、《铸铁闸门技术条件》(SL 545—2011)、《启闭机制造及验收规范》(SL 381—2007)、《水闸安全评价导则》(SL 214—2015)、《水利水电工程钢闸门制造、安装及验收规范》(GB/T 14173—2008)、《现场设备、工业管道焊接工程施工规范》(GB 50236—2011)、《水利水电工程闸门及启闭机、升船机设备管理等级评定标准》(SL 240—1999)、《水利工程压力钢管制造安装及验收规范》(SL 432—2008)等。

4.各类管理制度

即由运行管理单位自行对某一单项管理工作方式、方法和程序做出的规定。如各类建筑物工程检查与养护制度、安全管理(或操作)制度、资料归档管理制度、责任制度(包括岗位责任制、技术责任制、经济责任制)、橡胶坝工程管理交接班制度、检修制度、消防制度、事故处理制度等。为保证工程的正常运用,必须建立严格的管理制度,为此特制定了《橡胶坝管理人员工作职责》《橡胶坝工程安全管理制度》等。

3.2.3　橡胶坝工程防汛度汛

防汛工作实行局长负责制,统一领导、统一指挥、统一调度,坚持"安全第一、兼顾景观、提前预泄、常备不懈"的原则,重点做好各项准备工作,保证领导到位、组织到位、责任到位、措施到位。

(1)建立健全防汛组织机构,落实防汛责任人,进一步明确本单位各部门的防汛职责,做到分工明确,实行岗位责任制,责任到人。

(2)汛前,组织工程技术人员对度汛工程,包括橡胶坝工程的河道、堤防、闸门、机泵、电气设备等进行全面普查与调试,查出存在问题,做到及时上报,及时处理,确保工程正常运行。

(3)充分利用现代化通信设备,健全水文、气象测报站网,加强雨情、水情、工情信息的收集传递,提高汛情预测预报的准确性,做好科学合理调度;搞好防汛物资储备,组织落实防汛抢险队伍,做好防汛的各项准备工作。

(4)制订度汛预案,建立以查组织、查工程、查预案、查物资、查通信为主要内容的汛前检查制度,明确安全生产责任,加强职工责任意识和安全防范意识,坚持昼夜值班巡查制度,加强制度的检查、督促和查处,确保工程安全度汛。

3.2.4 安全生产和安全保卫制度

（1）橡胶坝安全保护范围内应竖立明显的警示牌，保持整洁醒目，禁止非工作人员进入橡胶坝安全保护区。

（2）工作驾驶、乘坐船只人员必须穿救生衣，船只驶入水面必须配备救护设施，非工作人员不得驾驶机动船只或橡皮筏设施。严禁非工作人员利用管理船只在水面上游乐。工作人员必须熟悉船只的性能，掌握驾驶技术，切实按照有关规定驾驶船只，不得超速超员超载。

（3）橡胶坝袋上严禁非工作人员踩蹬，工作人员到坝袋上检查透气阀、观察坝袋运行情况时，必须穿救生衣，禁止穿戴、持有带钉鞋等有可能损伤橡胶坝的物品上坝，以免损坏坝袋。

（4）坝袋充水前，要对坝袋进行全面检查，严禁坝头两侧存在石头、玻璃和其他容易磨破坝袋的杂物，并做到发现问题及时处理，严禁坝袋带病运行。

（5）禁止在管理房内私拉乱接电线，避免发生安全事故；不得为他人存放易燃、易爆物品。

（6）工作人员应加强安全巡视，发现不安全隐患，及时处理和上报，避免责任事故的发生。认真观察，严防漂浮物危及坝袋安全。发现落水人员，工作人员要在第一时间赶往出事地点进行抢救。

（7）严禁工作人员下河游泳，如发现橡胶坝工程附近有钓鱼、游泳等闲杂人员，及时劝阻，以防意外发生。

（8）橡胶坝塌坝放水，应在放水前通知有关单位，避免发生人为安全事故。

(9)橡胶坝的日常管理工作应符合《中华人民共和国安全生产法》等相关法律法规。

3.2.5　橡胶坝工程运行及养护制度

橡胶坝的大、中、小修应根据运行中掌握的情况和在定期检查中发现的问题及运行的时间来确定。

小修是指对橡胶坝有计划地养护修理,是对设备进行的一种局部的检查修理,也包括对在检查中发现的一般性问题所进行的及时处理。小修周期根据设备运行中掌握的情况及定期检查中发现的问题来确定,一般规定为半年一次或一年一次。小修项目内容因设备不同而有所不同。

大修是指对主要设备结构或部件因功能的老化或损坏等所进行的恢复性维修。大修周期:橡胶坝袋的更换或返厂维修,机电设备为 8 000~10 000 小时进行一次,电气设备为 5~10 年一次,金属结构设备为 10~20 年一次。

中修是介于大修和小修之间的一种检修。由于各类橡胶坝设备的构成和工作性能以及使用环境条件的不同,其维护的方法和措施将有所不同。

(1)坝袋充胀前必须做好准备工作,主要是清除坝袋表面的杂物,检查锚固部位有无松动等异常现象,坝袋表面有无伤痕破损、机泵、管路与阀门和土建部分是否正常等。

(2)橡胶坝袋(包括新坝袋和大修后的坝袋)在充水试坝时,一般充至设计坝高的 90% 时停充。

(3)正常运行充坝时,应注意充坝速度。充坝时要适应上游水位变化,且不可一次将坝袋充胀到设计高度。

(4)严禁坝袋超高、超压运行。

(5)橡胶坝在坝顶溢流过程中,受水流脉动压力的影响,坝体易产生震动,震动引起坝袋的磨损是坝袋被撕裂的主要原因之一。因此,应根据实际运行情况,确定坝袋是否发生震动情况,运行中加以避免。

(6)橡胶坝袋严禁带病(如有穿孔、磨损、裂口等局部伤损)运行。如发现坝袋有破损现象,立即塌坝修复,做到小伤小修,随时发现随时修理,防止病情扩大从而导致出现重大事故。

(7)橡胶坝挡水期间,在高温季节为降低坝袋表面温度,可将坝高适当地降低,保持坝顶面一定的溢流水深,有助于防止坝袋的老化,对于多孔橡胶坝在塌坝时应均匀对称。

(8)坝袋塌落前应清除坝袋塌落路线范围内的砂、石等杂物,以防止损坏坝袋。

(9)塌坝时塌落速度宜缓慢,控制单宽流量,避免造成下游冲刷破坏。

(10)橡胶坝工程所有阀门、真空泵、双吸泵等设备,要保证每月至少开启一次,以防锈死。保持其良好状态,以防紧急情况下出现问题。

(11)每年汛前、汛后都要按检修保养计划对机电设备进行检查保养,建立所有设备的检修、保养档案,细化和加强设备的强制保养工作。

3.2.6 橡胶坝机电设备的操作与维修保养

机电设备是橡胶坝工程的核心部分,是橡胶坝安全运行的关键保障,为保证机电设备安全正常运行,对机电设备的安全操作与维修保养提出了更高、更严格的要求。

3.2.6.1　操作规程

（1）橡胶坝进行充坝和塌坝时,操作机电设备需两人进行,严禁非工作人员进入控制室。

（2）操作机电设备前查看电压表、电流表指示是否正常,阀门开关状态,控制室是否有异常情况。

（3）充坝和塌坝要严格按照操作规程规定,按机电设备开关的先后顺序,逐步进行,不可违规操作。

（4）运行中操作人员要注意观察电压表、电流表指示是否有异常,有无异味、异常响声等现象。操作人员要坚守岗位,记录运行情况。

（5）运行中出现故障要及时停止运行,报告维修人员,及时检查处理;如遇突然停电,操作人员要进行手动操作,完成阀门的开关,并及时报告维修人员,查明停电原因。

（6）充坝和塌坝完成后,要按操作规程规定的先后顺序逐一关闭机电设备,要确认关闭到位,各项指示正常后,关闭电源,并且要到地下泵房现场确定关闭情况。

3.2.6.2　维修保养

（1）操作人员要定时打扫控制室、地下泵房的卫生,定时通风除湿,要保持控制室和泵房通风、干燥、整洁。

（2）橡胶坝水面工程所有阀门、真空泵、双吸泵等设备,要保证每月至少开启一次,以防锈死。保持其良好状态,以防紧急情况下出现问题。

（3）每年汛前、汛后都要按检修保养计划对机电设备进行检查保养,建立所有设备的检修、保养档案,细化和加强设备的强制保养工作。

3.2.7　橡胶坝工程检查制度

（1）检查管理范围内有无违章建筑和危害工程安全的活动，环境应保持整洁美观。

（2）充排设备：应检查动力设备运转是否正常，管路有无堵塞和漏水现象，各阀门是否灵活，电气设备是否安全可靠，充排设备线路是否正常，安全保护装置是否动作准确可靠，指示仪表是否正常、接地可靠，管道、闸阀等易锈蚀件是否锈蚀。

（3）安全装置：应检查侧墙上的排气孔或坝袋上的排气阀是否完好畅通，安全溢流孔有无损坏。

（4）充坝前和坝袋挡水时，检查坝袋前有无对坝袋造成损伤的漂浮物。

（5）坝袋运行中，若坝顶溢流，要随时观察坝袋是否出现震动或拍打现象。

（6）坝袋：应检查坝袋袋壁有无漂浮物或人为的刺伤刮破、坝袋袋壁的磨损情况，有无机械损伤，坝袋下游表面有无磨损，橡胶坝有无起泡、膨胀、脱层、龟裂、粉化和生物至虫蛀等现象，帆布层是否发生永久变形、脆化、霉烂等现象，坝袋里面胶层有无磨损、脱层等现象。

（7）锚固件：检查锚固件有无松动，金属件有无变形锈蚀，混凝土砌块或木砌块有无翘曲、劈裂以及生物化学侵蚀等。

（8）检查堵头式坝袋的两端岸墙与坝袋堵头接触区的墙面以及坍落区底板是否光滑，锚固槽有无破损。

（9）检查石工建筑物块石护坡有无塌陷、松动、隆起、底部淘空、垫层散失，墩墙有无倾斜、滑动、勾缝脱落，排水设施有无堵塞、损坏等现象。地基不均匀沉陷和墙后排水设备失效是造成翼墙裂缝的两个主要原因。对由于不均匀沉陷而产生的裂缝,首先应通过减荷稳定地基,然后对裂缝进行修补处理;因墙后排水设备失效,应先修复排水设施,再修补裂缝。浆砌石护坡裂缝常常是由于填土不实造成的,严重时应进行翻修。

(10)检查混凝土建筑物有无裂缝、腐蚀、磨损、剥蚀、露筋及钢筋锈蚀等情况,伸缩缝止水有无损坏、漏水及填充物流失等情况。

护坦的裂缝产生原因有地基不均匀沉陷、温度应力过大和底部排水失效等。对因地基不均匀沉陷产生的裂缝,可待地基稳定后,在裂缝上设止水,将裂缝改为沉陷缝。对温度裂缝可采取补强措施进行修补。底部排水失效时,应先修复排水设备。

钢筋混凝土裂缝的发展可使混凝土脱落、钢筋锈蚀,使结构强度过早地丧失。锈蚀引起的体积膨胀可致使混凝土顺筋开裂。顺筋裂缝的修补,其施工过程为:沿缝凿除保护层,再将钢筋周围的混凝土凿除 2 cm;对钢筋彻底除锈并清洗干净;在钢筋表面涂上一层环氧基液,在混凝土修补面上涂一层环氧胶,再填筑修补材料。顺筋裂缝的修补材料应具有抗硫酸盐、抗碳化、抗渗、抗冲、强度高、凝聚力大等特性。目前常用的有抗硫酸盐水泥砂浆及细石混凝土、聚合物水泥砂浆及混凝土和树脂砂浆及混凝土等。

渗漏也是橡胶坝破坏症状之一。渗漏的途径一般通过闸室本身构造和闸基向下游渗漏,也有通过闸室与两岸连接处的绕流渗漏。

橡胶坝在运行过程中发生异常渗漏的原因是很复杂的。

如勘察工作深度不够、基础本身存在着严重的隐患;设计考虑不周、运行管理不当、长时间超负荷运行及地震等方面的原因而产生裂缝、止水撕裂;上游防渗体(如防渗铺盖、两岸防渗齿墙等)遭受冲刷和出现裂缝;下游的排水设施失效等。

异常渗漏产生的破坏性是很大的。首先是增大闸底板的扬压力,减小闸室的有效重量,对闸室的稳定不利;其次是缩短了渗径,增大逸出坡降和流速,猝发渗透变形和集中冲刷。渗漏的形式按照渗漏的部位分为结构本身的渗漏、闸基渗漏、闸侧绕渗漏。

(11)检查水下工程有无冲刷破坏,消力池内有无砂石堆积,伸缩缝止水有无损坏,上下游引河有无淤积、冲刷等情况。

(12)每年汛前、汛后,在橡胶坝运行前后,应对橡胶坝工程各部位及各项设施全面检查。每年初次运行前,应着重检查岁修工程完成情况,汛后应着重检查工程变化和损坏情况。

3.2.8　橡胶坝管理人员工作制度

(1)严格遵守橡胶坝各项制度,熟练掌握橡胶坝的操作程序并严格按操作程序操作,严禁违章操作。

(2)严格执行橡胶坝充坝、塌坝调度令,做好充坝、塌坝时间、坝袋保留高度、放水流量等运行情况记录。

(3)接到塌坝调度令后,工作人员要通知相关单位做好应对准备,并迅速巡查橡胶坝下游河道内有无闲散人员,如有,要及时疏散;否则,造成的不良后果由工作人员负责。

(4)要细心观察橡胶坝坝袋动态变化,坝袋表面溢流深度不得大于 30 cm;坝袋如有异常振动,应快速采取措施减缓强度。

（5）严格遵守上、下班制度和请假制度，做到不迟到、不早退、不缺勤、不脱岗；有事应提前与同班人协商替班并履行请假手续，经橡胶坝管理单位相关领导准后方可离岗。

（6）工作人员应严格按照值班表排列的时间顺序值班，不得私自轮换替班，也不得让家属或找他人顶替值班。严格交接班制度，做到值班日志填写清楚，接班物品设施点清楚，遗留问题说清楚。保护好室内物品，严防被盗。管理房内不得留宿他人。

（7）上班期间严禁会友、打牌、赌博、喝酒等，要佩戴工作卡、巡逻袖章，衣着整齐，语言文明。

（8）保持值班室内外、坝基、坝袋、控制室、泵房、管理房周边卫生干净整洁，每星期打扫不少于两次，配电间等工作场所禁止堆放杂物，要爱护公共物品。边坡、绿地、草坪卫生保洁做到随见随清，始终保持水面、边坡、绿地、管理房清洁、卫生。

（9）工作人员要自觉遵守国家的法律、法规、政策，不得有违法、违规、违反政策行为。

综上所述，橡胶坝工程的建设为工农业发展创造了有利条件，如何加强橡胶坝工程管理，确保工程的安全和完整，充分发挥工程的经济效益，必将成为今后的工作重点。对于橡胶坝工程而言，建设是基础，管理是关键，使用是目的，可以说"三分建、七分管"。工程管理的好坏，直接影响效益的高低，如果管理不善，工程效益不能正常发挥，甚至可能还会造成严重的事故，给国家和人民的生命财产带来不可估量的损失。因此，加强橡胶坝工程管理，对确保工程的安全性和提高经济效益是十分必要的。

（1）由于人们对自然规律认识的局限性，对橡胶坝使用过程中的监测管理是十分必要的。通过对橡胶坝实施监测管理,借助科学方法,反映橡胶坝在使用过程中的表现状态,一方面可进一步验证设计的合理性和可靠性,另一方面可积累资料,为今后的设计提供更为充分的依据。

(2)橡胶坝工程在运行过程中,受外界环境各种因素的影响,会逐渐发生状态的变化,所以对橡胶坝及设施的维修养护是十分必要的。橡胶坝长期在水中工作,将受到水的渗透压力、冲刷、气蚀、冻融和磨损等物理作用以及侵蚀、腐蚀等化学作用。这些作用一旦改变了建筑物的原有状态,应及时维修,否则就可能造成更为严重的损害。

(3)合理使用橡胶坝工程,进行工程控制运用,对保证工程安全、提高效益是十分必要的。对橡胶坝工程的运用,应根据其状态特点,按规律合理使用和有效控制。

(4)以往工程失事的教训证明,加强工程管理,对避免事故发生、减轻事故危害是十分必要的。橡胶坝工程一般规模大,影响范围广,一旦失事将会造成很大损失,甚至是不可估量的或是灾难性的损失,尤其是随着经济社会的发展,这种危害损失越来越大。只有加强对工程的管理,及时发现工程设施存在的安全隐患问题,采取相应的措施,才可防范和避免事故的发生。

(5)实行橡胶坝工程目标管理对充分发挥橡胶坝工程效益是十分必要的。橡胶坝工程目标管理是指按照工程管理目标对橡胶坝工程进行管理的工作。工程管理目标是根据有关法律、法规、部门规章和技术标准制定的定量指标。实行目标管理,可使其管理内容规范化,通过定量指标,体现管理水平,这样才能使橡胶坝工程充分发挥效益。

第4章 洛阳橡胶坝建设的经验和建议

4.1　橡胶坝建设运行中出现的问题及处理

目前的橡胶坝建设,在技术和经验方面已经比较成熟,洛阳的橡胶坝就是按照规范设计施工的。但在具体工程建设中,仍然会出现诸多问题,特别应注意不同地形、地质条件下的勘察设计方案和施工组织实施。

4.1.1　勘察设计

在不同的河流地段具有不同的水文、地质条件和后期运行条件,在勘察设计阶段要特别关注各地水文特征、地质条件的差异和区别,以避免后期的被动和问题。初步归纳,有以下几点需引起重视:

(1)河道经过多年采砂和回填扰动,其地质条件特别是地层的渗透性会有很大的差别,若不进行准确勘察、判断,就可能造成较大的损失。

(2)在河道上游修建橡胶坝,要考虑后期运行中洪水冲蚀等水文特点,考虑坝型比选。

(3)要搞清楚地下水与地表水的补排关系,否则蓄水以后会造成地下水位抬高而产生壅水,会对周围建筑物或田地造成积水或淹没。

4.1.2　施工

施工阶段至关重要,坝体和坝前止水的封闭、防渗是关键,坝基的处理、坝基的回填压实是经常容易出现问题的地方。应做好架立筋的布置,同时,按要求严格做好浇筑振捣工作。

架立筋的布置如下:

混凝土验仓浇筑及供排水管布置如下：

水冒的安装如下：

坝袋安装如下：

4.1.3　施工及运行中出现的问题

　　(1)伸缩缝因热胀冷缩出现开缝。
　　(2)开缝处在水流作用下出现渗漏。

（3）局部会出现较大的渗漏点。

（4）长期运行会破坏结构。

（5）因下游河道采砂等因素,海漫段是容易被淘空破坏的地方。

4.2　橡胶坝建设对环境的影响

4.2.1　修建橡胶坝对环境的积极作用

橡胶坝的修建改善了生态环境,对于北方缺水地区来说,美化了人居环境,改善了季节性河流的河道生态,补给和涵养了地下水源,改善了小气候,增强了河道的槽蓄作用;同时,橡胶坝充坝、塌坝方便,运行管理方便,适应性较强,塌坝后不影响行洪。这些也是这种坝型能够广泛推广应用的主要原因。

洛阳盆地位于河南省西部,属于新生代断陷盆地,北边是邙山黄土丘陵区,南边是小秦岭余脉南支的龙门山,西边是小秦岭北支的末端,东面到巩义黑石关、虎牢关一带的五指岭断层,形成了西、北、南三面环山,东面为低山丘陵的盆地构造。洛河、伊河在偃师的岳滩汇合以后形成伊洛河,东出黑石关,到巩义的南河渡汇入黄河。洛河及伊河在盆地内堆积了一级、二级阶地,局部有三级阶地,老洛阳城就坐落在洛河二级阶地之上。

在修建橡胶坝之前,流经市区的河道丰水季节和枯水季节流量相差悬殊,平常河道流量很小,河床大片乱石荒滩裸露,加上污水排放和倾倒垃圾,呈现一片脏、乱、差的景象,河道皆为荒芜之地,与市容市貌极不相称,人们避之不及。

随着伊洛河橡胶坝水面工程的建设,洛阳的城市水系建设有了很大发展,城内河湖相连,波光粼粼,到处都能看到湖光山色、绿树成荫的景象,素有"塞北江南"的美誉。如今的河岸水景宜人,成为人们向往的休闲宜居之地。昔日沿河的张庄、洛南、临涧、下池、洛南五个水源地形成的地下水超采漏斗已经消失,地下水的开采能力得到了提升。

4.2.2 橡胶坝修建对环境的负面影响

(1)修建橡胶坝无疑抬高了库区的地表水位,洛阳地区的河道属于山区型河道,在自然条件下,该地区地表水和地下水的关系属于河水排泄地下水。在橡胶坝修建以后地表水位在库区段抬高,地下水排泄不畅而产生壅水,致使地下水位抬高;部分橡胶坝的局部地段,河道蓄水位高于堤外高程的地段,会产生侧渗,淹没堤外田地。

(2)在水源地地下水开采中,局部水位下降形成开采漏斗,橡胶坝修建以后会增加渗透量,补给地下水,但在地表水污染严重的情况下,会对地下水造成一定的水质恶化。

(3)蓄水引起周围地下水位升高,对周边一定范围的建筑物基础和基础施工会造成影响。对已有人防工程及地下室也会造成影响。

(4)橡胶坝蓄水后,安全问题尤为突出,溺水事件时有发生,亲水和溺水的矛盾急需化解。虽然在坝端修建了一部分游泳池,但还是不能满足人们的要求。

(5)橡胶坝坝袋为充水或充气坝,存在垮坝的可能,若疏于管理监测,垮坝后会出现较大洪峰,存在一定的安全隐患。

(6)河道修建多级橡胶坝以后,存在多级调度的问题,多级坝累计库容较大,在水资源调配、防汛、河道水文观测等方面出现了新的课题。

4.3　橡胶坝的管护与鉴定维护机制

实践证明,橡胶坝的修建利远远大于弊,是一种很好的、深受人们喜爱的景观坝。但在运行中的管护,不是单靠日常维护就能解决问题的。应定期、不定期对橡胶坝组织专业的"体检",对出现的问题进行及时修复处理,以免小病不治养成大病,得了大病再动手术的现象发生。

成立比较专业的鉴定机构,每年对橡胶坝的观测井、库区、坝基、防渗体、陡坡段和消力池、海漫、坝袋进行较详细的检查记录,建立"体检档案"。"体检"结束以后及时制订方案、组织经费、进行处理,是十分必要的。在这方面已经有较多的实例和惨痛的教训。形成一种鉴定维护机制,是橡胶坝健康运行的保证,也是橡胶坝水面工程安全运行的科学保障。

4.4　橡胶坝工程管理中应转变的观念

橡胶坝工程管理中应转变的观念主要有以下几点:

(1)从重建轻管向建管并重转变。

(2)从只重视技术管理向既重视技术管理又重视依法管理转变。技术管理是基础,依法管理是保障。彻底改变计划经济体制下单纯靠技术、行政手段进行管理的做法,实现橡胶坝工程安全管理的法制化。

(3)从传统的单纯的工程维护向既注重工程维修养护又重视整个工程生态体系建设转变。

(4)从只重视工程安全管理向既重视工程安全管理又重视最大化发挥工程效益转变。

(5)从传统橡胶坝工程管理向现代橡胶坝工程管理转变。

4.5　几点经验和建议

橡胶坝建设的经验和建议主要有以下几点:

(1)不同河段易出现的问题及对策。

①河道上游沉积颗粒粗大,级配差,渗透性好,洪水夹裹

物对坝袋破坏严重,主要是渗透变形,因此坝袋防护要以垂直方向防渗为主。

②河道中游河道的沉积物颗粒较小,级配较好,渗透性较好,要注意细颗粒的潜移变形,做好反滤、止水封闭、采砂勘察、防侧渗等工作。防渗以水平防渗为主。

③下游河道沉积物很细,渗透性较差,液化问题突出,回填压实困难,河道采砂影响大,要注意淘蚀防冲、返滤、降压、围封、抛填堆压等工作。要垂直防渗与水平防渗并重,结合防渗墙封堵、坝下换填等措施保证坝体稳定。

(2)橡胶坝不只是重力坝,也是结构性比较强的枢纽工程,对淘空冲蚀、裂隙、淘刷、洪水冲毁等现象,要定期、不定期排查处理,对坝上游淤积、裂缝、伸缩缝、坝袋破损、渗漏等情况进行排查观测,出现情况及时处理,不要小病不治养成大病,危及大坝安全,也会造成较大的经济损失。

(3)橡胶坝的海漫段、陡坡段是容易出现问题的部位。海漫段出问题多是由末端高程高出下游河道造成的。陡坡段出问题多是由排水不畅,伸缩缝冷缩变形时水流淘刷其下部基础,从而引起陡坡段变形破坏造成的。

(4)橡胶坝所有部位的伸缩缝都应采取止水措施,止水措施要封闭完善,防止伸缩缝透水破坏基础。伸缩缝不只是要设置填缝材料,而且要设置止水,且表层 3~5 cm 要用密封胶封口。

(5)对于河道下游以砂层为主的细颗粒河床段基础,要确保坝体稳定和下游不被淘刷。采取上游施工防渗墙,基础下换填、反滤,坝后施工降压井,消力池下游设置防冲墙及增设混凝土网架等措施是必要的。

（6）砌块锚固属于淘汰工艺，不宜继续使用。

（7）在坝后跌水受力地段，混凝土强度宜提高标号，并做好止水与伸缩缝封闭。

（8）电站溢流坝段设置橡胶坝是比较成功的做法，但橡胶坝坝墩上设置交通桥，尚需运行实践。

第 5 章　洛阳各类坝型的比较

随着景观水面工程的建设,应不断总结经验。在栾川地区及瀍河、涧河修建了六级液压坝;在洛河东段白马寺南修建了气盾坝;在其他支流上修建了一些其他类型的坝型。

5.1　气盾坝

洛阳市洛河东湖拦河坝工程采用的是气盾坝。该坝址位于白马寺下游(洛河桩号 283 + 415),采用气盾坝挡水,气盾坝工程总长 508.0 m,其中气盾坝段布置长度为 278.0 m,固定堰总长 230.0 m,其中左侧固定堰长 80.0 m,右侧固定堰长 150.0 m。坝高 6 m,坝底板高程 112.5 m,坝顶高程 118.5 m,正常水位 118.5 m,回水长度 7.2 km,水面面积 323.3 hm^2 (4 850 亩),蓄水量 1 630 万 m^3。在洛河东湖拦河坝工程左岸设控制室,建筑面积共 500 m^2。

坝底板上游采用水平黏土防渗铺盖(黏土加土工膜)、高喷防渗墙以及水平钢筋混凝土铺盖。水平黏土防渗铺盖顺水流方向长 80 m,垂直水流方向宽 274 m;高喷防渗墙深 15 m,防渗墙总长 398 m;水平钢筋混凝土铺盖顺水流方向长 18 m,垂直水流方向宽 274 m。高喷灌浆防渗墙单排孔,孔距 1 m,采用旋摆搭接方式,分两序孔施工,终孔中心距 1 m。

气盾坝下游设消力池,消力池陡坡段长 16 m,厚 1 m,坡比 1:4;消力池长 30 m,深 2 m;池后设消力坎,坎高 2 m,深入底板以下 1.3 m,厚 1.5 m。消力池后接 40 m 长的海漫段,其中 15 m 长为浆砌石海漫段,厚 60 cm,15 m 长为砌石海漫段,厚 60 cm,抛石防冲槽长 10 m,最深处厚 2.5 m。两岸采用扶壁式挡土墙或坡式护岸与滩地连接。

　　固定堰总长 230 m，其中左岸固定堰长 80 m，右岸固定堰长 150 m，堰顶高程 119～120.5 m。两岸采用扶壁式挡土墙或坡式护岸与滩地连接。固定堰上下游在翼墙范围内采用铰接式连锁混凝土块护面。

　　气盾坝分 3 跨，每跨净长 90 m，两边墩及两中墩厚均为 2 m，共布置气盾坝 27 扇，每扇宽 10 m，顺水流方向长度为 26 m，气盾高度为 6 m，坝顶最大溢流深度 0.5 m。闸门及埋件外露金属材料部分均采用不锈钢材料，支承结构采用双气囊支承，门体分节制造、运输及安装，运行条件为动水启闭。

　　本工程设一套箱式变电站 ZBW—500/10，电源引自附近 10 kV 高压。用电负荷为二级负荷。另设应急备用柴油发电机组 1 套。主要用电负荷为气盾坝用气动泵房空压机（3 台，功率 75 kW），以及管理房照明等用电设施。

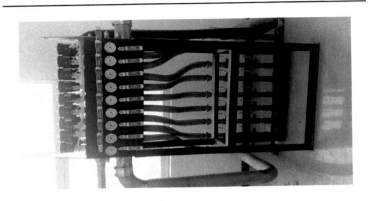

　　该工程于 2015 年 4 月 7 日开工建设,工期 18 个月,于 2016 年底建成。

5.2　液压坝

5.2.1　同乐湖调蓄工程液压坝

同乐湖调蓄工程主要由拦河液压坝、固定堰、上游防渗设施、下游消能防冲工程和管理房组成。坝址处河道设计口宽 109.8 m，液压坝工程布置总长 89.7 m，其中液压坝宽 48 m。液压坝底板高程为 144.00 m，最大坝高 4.5 m。本工程地基处理采用换填和水泥土搅拌桩结合的办法。液压坝和右岸宽顶堰基础采用水泥土搅拌桩进行围封，搅拌桩防渗墙紧贴底板轮廓外围布置。左岸设控制室，长 30 m，宽 10 m，管理房建筑面积 1 045 m^2。同乐湖调蓄工程坝址位于涧河市区段同乐桥上游 730 m，河道桩号 6+330，回水长度 3.6 km，回水到衡山路桥下游 100 m 处，水面面积 25.0 万 m^2，最大蓄水量 48.0 万 m^3。

5.2.2　栾川生机段第四级液压坝

栾川生机段第四级液压坝总宽 142.0 m，单跨布置，净宽度 138.0 m，共布置液压坝 23 扇，每扇宽 6.0 m，边墩厚 2.0 m，坝高 4.5 m。坝底板顺水流方向长度为 12.0 m，厚 2.5 m，顶高程 690.20 m，坝底采用 C25 钢筋混凝土。液压坝边墩高度 5.0 m，厚 2.0 m，顶高程 695.20 m，采用 C25 钢筋混凝土结构。液压坝顺水流方向布置，总长 110.0 m，其中上游水平钢筋混凝土铺盖长 10 m，坝底板长 12 m，消力池段长 33 m，海漫段长 35 m，上、下游渐变段均为 10 m。生机段第四级液压

坝处原设计河底高程 689.39 m,拦河坝设计底板高程 690.20 m,坝顶高程 694.70 m,50 年一遇洪水位为 693.18 m,正常蓄水位 694.70 m,回水长度为 950 m,蓄水量 29.0 万 m³,形成水面 188 亩。在生机段第四级液压坝左岸外设控制室,建筑面积为 200.10 m²。同期布置了四级类似液压坝。

5.2.3　朱樱湖水面工程液压坝

朱樱湖水面工程液压坝位于 310 国道桥沿瀍河下游方向 600 m,液压坝坝高 4 m,水面工程主槽回水长度为 1.2 km,到吕祖庙,形成水面 200 亩,蓄水量 36 万 m³。设计标准为 20 年一遇,设计洪峰流量为 570 m³/s,校核洪水位标准为 50 年一遇,校核洪峰流量为 870 m³/s,10 年一遇洪峰流量 370 m³/s。

　　该工程 2014 年 2 月开工,2016 年 6 月建成。建设内容为拦河液压坝、坝前防渗工程、岸坡工程及坝下游消能防冲工程。液压坝控制室和管理房布置在左岸,共两层,面积 292 m²。坝前铺盖铺设长度为 30 m,铺盖上游设 C20 混凝土防冲齿墙,深 1.5 m,底宽 0.7 m,顶宽 0.5 m,从上至下依次为 70

cm 厚开挖土回填、30 cm 厚填土压实、防渗布、原状土整平夯实。防渗布设 C20 混凝土压条。防渗布铺盖与坝地板和两岸齿墙连接均采用压板螺栓连接。湖区两岸设置坡式浆砌石护坡。贴坡上部宽度为 0.3 m,高出正常蓄水位 1 m,下部齿墙宽度为 0.8 m,高度为 1.3 m。下游消能防冲设施布置总长39.1 m,其中陡坡段为 5.1 m,消力池为 15 m,海漫为 18 m,海漫包括浆砌石护坦 9 m、格宾垫海漫 9 m。

5.3　简易闸坝

在栾川伊河、汝阳浔淯河等小河道的乡镇街道地段,修建了一些小型的钢板闸坝,底部用混凝土浇筑底板,上部用钢板分块做成坝板,后边用钢管支撑,高度 1 m 多。可形成小型的简易水面景观。

5.4　生态湿地建设及景观综合打造

随着社会的发展,生态休闲场所,特别是生态湿地成为人们喜爱的去处。水利工程已经走向生态化、景观化、功能化、综合化。单一的传统的渠、坝、闸、水面已经不能满足社会发展的需求。同时,生态湿地对水质的净化和对水生物、水源的涵养作用成为新的需求。水利工程不仅要有过去的防洪、水源、灌溉功能,还要有景观观赏、生态休闲、湿地环保、商业配套等配置性功能。

橡胶坝的建设能够形成比较大的水面景观,但周边湿地、亲水建筑、绿化、景观需要更进一步建设。

　　洛阳最近几年致力于橡胶坝水面工程的进一步提升改造,通过修建景观跌水坝、打造水景、建设生态湿地及商业配套,已经打造出了一批宜人的生态景观工程。

不同坝型的比较如表 5-1 所示。

表 5-1　不同坝型的比较

坝型	特点
橡胶坝	(1)塌坝后与河床高程一致,不阻水; (2)坝顶溢流会形成瀑布,生态景观效果好; (3)塌坝时间长; (4)泥沙淤积覆盖坝袋,需人工定期清理漂浮物; (5)坝袋易损坏,需更换坝袋,使用寿命较短; (6)整体造价较低
气盾坝	(1)寿命长,适用范围广,结构坚固,抗洪水冲击能力强; (2)钢制盾板充分保护橡胶坝袋,坝袋可提供充分的缓冲力,安全性能高; (3)坝顶溢流会形成瀑布,生态景观效果好; (4)塌坝时盾板完全贴服于基础,清污排淤能力强; (5)适用范围广,但造价较高
液压坝	(1)结构较简单,施工周期短; (2)闸门放倒时与河床一样平,不阻水; (3)冲沙效果好,上游基本上没有漂流物; (4)不受环境气候影响,严寒季节一样正常运行; (5)造价较高
简易闸坝	(1)结构简单,操作原始; (2)冲沙困难; (3)翻板门容易被异物卡住而关闭不严,造成水库大量漏水; (4)上游漂浮物较难清理,导致河道脏乱,污染环境; (5)造价较低

第6章 结 语

编者在工作之中接触到各类橡胶坝,发现了一些问题,写出来与同仁共勉。编者在编写过程中,得到了同行们的大力支持,在次表示感谢!书中有不妥和错误之处敬请雅正。若能对同道中人有所帮助,则不失本意!

附录　橡胶坝工程技术规范
（摘录）

1　总　　则

1.0.1　为使橡胶坝工程建设和管理做到安全可靠、技术先进、经济合理、使用方便、环境美化、合理开发利用水资源,制定本规范。

1.0.2　本规范适用于坝高 5 m 及以下的袋式橡胶坝工程的规划、设计、施工安装及运行管理。

1.0.3　橡胶坝的规划布局、结构设计与运用管理等应与周围环境相协调。

1.0.4　橡胶坝工程的建设与管理,除应符合本规范外,尚应符合国家现行有关标准的规定。

2　术语和符号

2.1　术　　语

2.1.1　橡胶坝　rubber dam

　　将坝袋按设计要求锚固于底板或端墙上成封闭袋体,利用充排水(气)控制其升降活动的袋式挡水坝。

2.1.2　坝袋　dam bag

采用专用硫化设备并经过一定的工艺流程,将帆布等骨架材料和各层橡胶一起进行硫化,并拼接成设计尺寸的胶布制品。

2.1.3　坝袋设计高度　design height of dam

指坝上游为设计水位,坝下游水深为零时的坝袋高。

2.1.4　坝长　length of dam

坝顶两端之间沿坝轴线的挡水长度。

2.1.5　锚固　anchorage

用锚固构件将坝袋胶布沿其周边安装固定于坝底板或端墙上以构成封闭袋体。

2.1.6　堵头式坝　pillow type dam

利用充涨介质的压力将坝袋端部胶布挤压在直立端墙上以达到止水和挡水目的的橡胶坝。

2.1.7　设计内、外压比 design ratio of inner and outer pressure

坝袋内压水头与坝袋设计坝高的比值。

2.1.8　坝袋强度设计安全系数 design safety factor of dam bag strength

坝袋抗拉强度与坝袋设计计算强度之比。

2.1.9　搭接　lap joint

帆布两端互相叠合,粘接接头不在同一平面上的接头形式。

2.2　符　号

d——螺栓直径;

h_1——坝上游水深;

h_2——坝下游水深；

H_0——坝袋内压水头；

H_1——设计坝高；

H——坝袋充胀运行时的实际坝高；

L_0——坝袋的有效周长(不包括锚固长度)；

m——流量系数；

n——上游贴地段长度；

Q——过坝流量；

S_1——上游坝面曲线段长度；

S——下游坝面曲线段长度；

T——坝袋径向计算强度；

V——坝袋单宽容积；

X_0——下游贴地段长度；

α——坝袋内、外压比；

γ——水的重度。

3　工程规划

3.1　基本资料

3.1.1　进行工程规划时,应搜集、整理、分析研究和掌握建坝地区的地形、气象、水文、工程地质、水文地质、内外交通、流域(或地区)水利综合利用规划、人文景观、社会经济和环境资料。

3.1.2　地形资料应包括工程规划区地形图、坝址地形图、回水区域地形图、河道纵横断面图;测量范围应根据工程任务和规模确定,各种图的比例尺应符合有关规定。

3.1.3　水文气象资料应包括流域概况和河道特征,坝址河段的流量、泥沙、冰情、水质、漂浮物以及气温、降水、蒸发、湿度、风力、风向、日照、冰冻期、冻土深、潮汐。

3.1.4　工程地质和水文地质资料应包括坝址地质纵横断面图,地基和天然建筑材料的物理力学指标,地下水水位、比降、水质,可按现行行业标准《中小型水利水电工程地质勘察规范》SL 55 的有关要求进行地质勘察工作。

3.1.5　工程规划宜搜集有关橡胶坝袋生产厂家产品、规格以及已建橡胶坝工程资料。

3.2　坝址选择

3.2.1　坝址应按地形、地质、水流、泥沙、淹没浸没、环境影响等条件,根据橡胶坝特点和运用要求经技术经济比较后选定。

3.2.2　坝址宜选在河段相对顺直、水流流态平顺及岸坡稳定的河段;不宜选在冲刷和淤积变化大、断面变化频繁或弯道的河段。

3.2.3　坝址选择宜有利于枢纽工程总体布置。重要工程宜有水工模型试验论证。

3.2.4　坝址选择宜便于施工导流、交通运输、供水供电、运行管理和维修。

3.3　工程规模及布置

3.3.1　工程规模应根据水文水利计算结果,按国家现行标准《防洪标准》GB 50201 和《水利水电工程等级划分及洪水标准》SL 252 的有关规定确定。

3.3.2　工程布置应做到布局合理、结构简单、安全可靠、运行方便、造型美观。

3.3.3　坝轴线宜与坝址处河段上游主流流向垂直。

3.3.4　坝长应与河(渠)宽度相适应,塌坝时应符合河道设计行洪要求,单跨坝长度应符合坝袋制造、运输、安装、检修以及管理要求。

3.3.5　坝袋设计高度应根据工程规划与满足综合利用要求确定。坝顶高程宜高于上游正常蓄水位 0.1~0.2 m,坝顶泄洪能力可按本规范附录 A 计算。

3.3.6　坝袋与两岸连接布置,应使过坝水流平顺。上、下游翼墙与岸墙两端应平顺连接,其顺水流方向的长度应根据水流和地质条件确定。边墙顶高程应根据设计洪水位加安全超高确定。

3.3.7　充坝水源的水质应洁净,为坝袋充水用的取水工程应符合进水口取水和防沙的要求。

3.3.8　坝袋充排控制设备及安全观测装置均宜设在控制室内,控制室布置应便于运行管理并利于通风采光,严寒或潮湿地区应有防冻、防潮措施。

3.3.9　多跨橡胶坝之间应设隔墩,墩高不应低于坝顶最高溢流水位,墩长应大于坝袋工作状态时的长度。

3.3.10　河道梯级橡胶坝的布置,应根据河道总体规划、梯级水位衔接情况,经技术经济比较后确定。

3.3.11　枯水期河流流量仍较大的橡胶坝工程,其布置应符合检修时所采用导流方式的要求。

4　工程设计

4.1　坝　袋

4.1.1　坝袋的充坝介质应按运用要求、工作条件经技术经济比较后确定。

4.1.2　坝体布置可采用单跨式或多跨式。单跨坝袋长度不宜超过 100 m。

4.1.3　坝袋设计的主要荷载应为坝袋外的静水压力和坝袋内的充水(气)压力。

4.1.4　坝袋设计内、外压比 α 值应经技术经济比较后确定。充水式坝袋的内、外压比值宜选用 1.25 ~ 1.60;充气式坝袋的内、外压比值宜选用 0.75 ~ 1.10。

4.1.5　坝袋袋壁承受的径向拉力应根据薄膜理论按平面问题计算。坝袋袋壁强度、坝袋横断面形状、尺寸及坝体充胀容积的计算,可按本规范附录 B 进行。

4.1.6　充水式坝袋的强度设计安全系数不应小于 6.0,充气式坝袋的强度设计安全系数不应小于 8.0。

4.1.7　坝袋胶布除应达到强度要求外,还应具有耐老化、耐腐蚀、耐磨损、抗冲击、抗屈挠、抗冻、耐水、耐寒性能。坝袋胶布制造应符合国家现行有关标准的规定。

4.1.8　坝袋、底垫片应由工厂按设计图纸进行制作,出厂前应检查其尺寸并画出锚固线和锚固中心线,并应在醒目位置标出上、下游标记。

4.2　锚固结构

4.2.1　锚固结构型式应根据工程规模、加工条件、耐久性、施工、维修等条件,经综合经济比较后选用。锚固构件可按本规范附录 C 设计计算。

4.2.2　锚固构件应满足强度与耐久性的要求。

4.2.3　采用岸墙锚固线布置的工程应符合塌坝时坝袋平整不阻水,充坝时坝袋褶皱较少的要求。

4.2.4　对于重要的橡胶坝工程,宜做专门的锚固结构试验。

4.3　控制系统

4.3.1　坝袋的充胀与排放所需时间应与工程的运行要求相适应。

4.3.2　坝袋的充排方式应根据工程现场条件和使用要求确定。

4.3.3　充排系统的动力设备、管路、充排水(气)口装置等应按下列要求进行设计:

　　1　应根据工程、运行管理的需要,经济合理地选用水泵或空压机;重要的橡胶坝工程应根据运用要求配置备用动力设备。

　　2　应根据充、排水(气)时间进行管路设计;管路应布置合理、运行可靠、维修方便;寒冷地区管路设计应满足防冻要求。

　　3　充水坝袋内宜设置不少于 2 个充(排)水口,且出口位置应位于能排尽水(气)的地方;充(排)水口上宜设置水帽。

4.4 安全与观测设备

4.4.1 充水式橡胶坝应设置安全溢流设备和排气阀,排气阀宜装设在坝袋两端顶部位置。

4.4.2 充气式橡胶坝应设置安全阀、水封等设备。

4.4.3 对建在山区河道、溢流坝段或上游有可能出现突发洪水河道上的充水式橡胶坝,宜设自动塌坝装置。

4.4.4 橡胶坝宜设置连通管、水位标尺或水位传感器进行坝的上、下游水位观测。

4.4.5 充水式坝宜采用坝内连通管,充气式坝宜设置压力表观测坝袋内压力;对重要工程宜安装自动监控设备或远程监控装置。

4.4.6 其他工程观测设计可按现行行业标准《水闸设计规范》SL 265 的有关规定执行。

4.5 土建工程

4.5.1 坝底板、边墩(岸墙)、中墩(多跨式)、上下游翼墙、上下游护坡、上游防渗铺盖或截渗墙、下游消力池(护坦)、海漫等建筑物应根据橡胶坝的设计条件进行设计,并应满足强度、防渗及地基稳定要求。

4.5.2 作用在橡胶坝上的设计荷载可分为下列两类荷载:

1 基本荷载:结构自重、水重、正常挡水位或坝顶溢流水位时的静水压力、扬压力(包括浮托力和渗透压力)、土压力、泥沙压力;

2 特殊荷载:地震荷载。

4.5.3 橡胶坝宜建在天然地基上;对建在不良地基上的橡胶

坝,应进行地基处理。

4.5.4　坝底板的高程、厚度及顺水流方向上的宽度应按下列要求确定:

　　1　坝底板高程应根据工程开发任务、地形、地质、水位、流量、泥沙、施工及检修条件确定,宜比坝址处河床地形设计高程提高 0.2~0.4 m;

　　2　坝底板厚度应符合充排水(气)管路及锚固结构布置要求;

　　3　顺水流方向的坝底板宽度应按坝袋塌平长度以及安装和检修的要求确定。

4.5.5　防渗排水布置应根据坝基地质和坝上、下游水位差,以及底板、消能和两岸布置拟定。

　　1　承受双向水头的橡胶坝,其防渗排水布置应以水位差较大的工况为控制条件;

　　2　拟定坝基防渗长度的方法可按现行行业标准《水闸设计规范》SL 265 的有关规定执行。

4.5.6　坝底板、边墩、中墩的轮廓尺寸应根据地基、坝高及上、下游水位差的计算成果确定,其应力分析、稳定计算可按现行行业标准《水闸设计规范》SL 265 的有关规定执行;稳定计算可只作渗透、抗滑计算。

4.5.7　消能防冲设施的布置,应根据地基情况、水力条件、运行工况确定。

4.5.8　消能防冲计算应根据橡胶坝的运用条件选择最不利的水位和流量组合进行。

4.5.9　消力池(护坦)、海漫、铺盖除应符合消能防冲要求外,宜采取减轻和防止坝袋振动的措施。对经常溢流的橡胶坝工程,宜设陡坡段与下游消力池(护坦)衔接。

4.5.10　充气式橡胶坝的消能防冲计算,应按塌坝时坝袋出现凹口引起单宽流量增大的情况确定。

4.5.11　上、下游护坡工程应根据河岸土质及水流流态分别验算边坡稳定及抗冲能力。护坡长度不应小于河底防护范围。

4.5.12　控制室和泵房应符合设备布置和操作运行及管理要求,室内地面高程宜高于校核洪水位。泵房设计应按现行国家标准《泵站设计规范》GB 50265 的有关规定执行并做防渗和防潮处理。

4.5.13　在已建拦河坝顶或溢洪道上加建橡胶坝时,应对原工程抬高水位后进行稳定及应力校核。

4.5.14　采用堵头式锚固的橡胶坝可采取提高坝端局部底板高程、减小端墙与坝袋之间的摩擦以消除坝袋端部塌肩现象。

5　施工安装

5.1　一般规定

5.1.1　施工前应根据批准的设计文件编制详细的施工计划,做到技术先进和经济合理,符合施工进度和工程质量要求。施工场地布置应做到布局合理,施工方便。

5.1.2　橡胶坝坝袋出厂前应进行质量检验并附有检验报告。

5.1.3　橡胶坝施工中应加强质量管理,建立质量保证体系和质量检查体系。

5.2 土建工程施工

5.2.1 土建工程施工应符合施工设计要求,其内容可包括下列主要项目:

    1 基坑开挖,控制及观测系统管道埋设;

    2 浇筑混凝土底板、锚固槽或预埋锚固螺栓,锚固件制作;

    3 修筑岸墙和防渗、防冲设施及其他安全保护设施;

    4 控制室施工。

5.2.2 基础底板、边墩和中墩与坝袋接触部位的表面应平整光滑。

5.2.3 螺栓压板锚固的螺栓间距和埋深的施工精度应符合设计要求。楔块锚固的锚固槽槽口、槽壁和槽底线应顺直平整,楔块直立面应垂直,前后楔块的斜面应吻合,锚固槽与楔块的施工精度应符合设计要求。

5.3 控制、安全和观测系统施工

5.3.1 控制系统的施工应符合有关机电、土建施工的要求。

5.3.2 安全、观测系统应按设计要求进行安装调试,隐蔽工程部分在覆盖前应进行检查验收,安装完成后应进行系统调试,施工质量应符合设计要求。

5.4 坝袋安装

5.4.1 垫平片宜采用与坝袋相同厚度或稍厚一些的橡胶片;坝袋及底垫片在搬运过程中应避免发生变形和损伤。

5.4.2 坝袋安装前的检查应符合下列要求:

　　1　楔块、基础底板及岸墙混凝土的强度应达到设计要求;

　　2　底板及岸墙与坝袋接触部位应平整光滑;

　　3　充排水(气)管道应畅通,无渗漏现象;

　　4　预埋螺栓、垫板、压板、螺帽(或锚固槽、楔块、压轴)、进出水(气)口、排气孔、超压溢流孔的位置和尺寸应符合设计要求;

　　5　坝袋和底垫片运到现场后,应结合就位安装首先复查其尺寸和搬运过程中有无损伤,当有损伤时应修补或更换。

5.4.3　坝袋安装前的准备工作可按下列程序进行:

　　1　在底板上分别标出锚固中心线、塌落线;

　　2　底垫片就位(指双锚固坝袋),在底垫片上分别标出中心线和锚固线;

　　3　在伸入坝袋内的充排水(气)管、测压管和超压溢流管等管口四周的底垫片上,宜粘上一层橡胶片作补强处理;

　　4　在底垫片上画出水帽、测压管和超压溢流管位置,复测无误后在各管口处挖孔、补强并固定;

　　5　止水海绵(止气布)可粘在底垫片相应位置上;

　　6　坝袋中心线、锚固线与基础底板上的对应线重合。

5.4.4　坝袋锚固顺序可按下列程序进行:

　　1　当端部为固定式时,应按先下游,后上游,最后岸墙的顺序进行;应从坝袋底板中心线开始,向两侧同时进行安装;锚固岸墙(坡)时,宜先将胶布挂起,撑平,再从下部往上部锚固。

　　2　采用堵头式锚固时,宜先安装两侧堵头裙脚,后锚固下游和上游;也可先锚固下游,后锚固上游,最后安装两侧堵头裙脚。

　　3　无论采用何种锚固型式,两侧岸墙拐角处,袋布应折叠、理顺、垫平,不得用剪口补强处理。

5.4.5　坝袋锚固安装应符合充胀介质对密封性的要求。

5.5　工程检查与验收

5.5.1　施工期间应检查下列内容:

　　1　检查范围:坝袋、锚固螺栓或楔块标号及外形尺寸、安装构件、管道、操作设备的性能;

　　2　检查要求:检查施工单位提供的质量检验记录和分部分项工程质量评定记录,同时需进行抽样检查。

5.5.2　坝袋安装后,应进行全面检查。在无挡水的条件下,应做坝袋充坝试验;当条件许可时,还应进行挡水试验。整个过程中应进行下列项目的检查:

　　1　坝袋及安装处的密封性;

　　2　锚固构件的状况;

　　3　坝袋外观观察及变形观测;

　　4　充排、控制和观测系统情况;

　　5　充气坝袋内的压力下降情况。

5.5.3　充坝检查后,宜排除坝袋内水(气)体,重新紧固锚固件。

5.5.4　验收前的管理维护应符合下列规定:

　　1　工程验收前,应由施工单位负责管理维护;

　　2　对工程施工遗留问题,施工单位应认真处理,并应在工程最终验收前完成。

5.5.5　坝袋质量现场检验和评定应按现行行业标准《橡胶

坝坝袋》SL 554 的有关规定执行,坝袋充胀高度应符合设计挡水要求。

5.5.6 橡胶坝工程质量检验和评定应按现行行业标准《水利水电工程施工质量检验与评定规程》SL 176 的有关规定和本规范的规定执行。

5.5.7 工程完工后,建设单位应按现行行业标准《水利水电建设工程验收规程》SL 223 的有关规定和本规范的规定组织验收。

6 运行管理

6.1 一般规定

6.1.1 橡胶坝工程应按国家有关规定,明确管理单位,落实管理经费。在工程筹建、施工、试运行、验收等环节,应由管理(筹备)机构派人参与。

6.1.2 工程运行前应由管理(筹备)机构会同有关部门遵照本规范规定,结合工程特点,培训相关人员,制定管理办法和规章制度报上级主管部门批准并严格执行。

6.1.3 工程验收前,应按照设计对工程管理范围进行确权划界,并划定工程管理和保护范围。

6.1.4 在工程管理范围内不得进行爆破、采砂、游泳、捕鱼、排污等不利于橡胶坝安全的活动。

6.1.5 在工程管理范围内的醒目位置处应设立安全警示标志物。

6.1.6 在坝的两岸应设置防止人员进入坝袋上的护栏等。

6.1.7 管理机构应进行科学管理,并应服从当地防汛调度和运行控制要求,对工程进行经常检查、观测、养护、维修和控制运行。各项记录应及时整理归档,建立完整的技术档案。

6.2 检查观测

6.2.1 管理机构应监视水情和水流形态、工程状态变化和坝袋运用情况,及时发现异常现象,并对发现的异常现象做专项分析,可会同科研、设计、施工人员做专题研究,提出解决措施。

6.2.2 橡胶坝工程检查工作应包括经常检查、定期检查和特别检查。

1 经常检查:管理单位应经常对橡胶坝工程各部位、坝袋、锚固件、充排设备、安全观测设备、机电设备、通信设施、河床冲淤、管理范围内的河道堤防和水流情况等进行检查。检查周期,每月不应少于一次。当橡胶坝遭受到不利因素影响时,对容易发生问题的部位应加强检查观察。

2 定期检查:每年汛前、汛后、冬季封冻时或在橡胶坝运用前后,应对橡胶坝工程各部位及各项设施进行全面检查。每年初次运用前,应着重检查岁修工程完成情况;汛后应着重检查工程变化和损坏情况;寒冷地区冬季运用的橡胶坝工程,应着重检查防冻、防冰凌措施情况。

3 特别检查:当发生特大洪水、暴雨、暴风、强烈地震和重大工程事故时,应对橡胶坝工程进行特别检查,着重检查主体工程有无损坏。

4 定期检查、特别检查结束后,应及时向上级主管部门提交检查报告;检查人员应相对稳定,检查报告应长期保存。

6.2.3 观测工作至少应包括下列项目:坝袋内压力,坝袋变形、老化,河流上、下游水位,河床变形,坝下渗水,水流形态、水位、流量,推移质,漂浮物,冰凌,工程整体位移。

6.2.4 资料整理与整编:观测结束后,应对资料进行整理计算和校核。资料整编应每年进行一次,其整编成果应提交上级主管部门审查。

6.3 维修养护

6.3.1 橡胶坝工程维修养护工作可分为养护、岁修、抢修和大修,并宜按下列原则进行划分:

1 养护:对经常检查发现的缺陷和问题,应进行保养和局部修补,保持工程和设备完整清洁,操作灵活;

2 岁修:根据汛后全面检查发现的缺陷和问题,应对工程设施进行整修和局部改善;

3 抢修:当坝袋破损及设备遭受损坏时,应采取抢修措施;

4 大修:当工程发生较大损坏或设备老化,修复工程量大,技术较复杂时,应有计划进行工程整修或设备(坝袋)更新。

6.3.2 坝袋维修养护应符合下列规定:

1 坝袋表面可涂刷防老化涂层,防老化涂层的施工工艺和方法应符合本规范附录 D 的相关规定;

2 应清除袋体和坝袋塌落区底板上的砂石等杂物,清除或排除河道中危及坝袋安全的漂浮物;

3 当坝袋破损时,应根据本规范附录 D 采用不同的修补方法。

6.3.3 锚固件维修养护应符合下列规定：

　　1　当锚固件有松动时,应按安装要求旋紧、压牢、补齐,腐蚀严重或劈裂的应予以更换；

　　2　金属锚固件应定期除锈和涂刷防锈剂；

　　3　木质锚固件应防止生物蛀蚀和腐烂；

　　4　应清除坝袋附近的淤积物。

6.3.4 充排和安全观测设备维修养护应符合下列规定：

　　1　充排设备中的管道、闸阀等易锈蚀构件,应定期除锈和涂刷防锈剂；

　　2　当充排设备出现故障或损坏时,应排除故障,进行修复或更换；

　　3　应清除滞留在充排水口和安全溢流孔内的淤积物及其他杂物；

　　4　应保持安全溢流孔和排气孔的畅通；

　　5　充排设备长时间不用时,应定期开关活动。

6.3.5 土工建筑物、石工建筑物、混凝土建筑物的维修养护可按现行行业标准《水闸技术管理规程》SL 75 的有关规定执行。

6.3.6 坝袋达到使用寿命或因其他原因致使坝袋不能正常使用时,应在现场检测、论证评价后按原设计尺寸予以更换。当需调整坝高或锚固线而不能按原状更换时,应按非标准设计工况进行设计。

6.4　运行控制

6.4.1 管理单位应根据建坝用途和工程特点,制订运行方案和操作规程,经批准后严格执行。

6.4.2　坝袋不得超高超压运用,充水(或气)压力不得超过坝袋设计内压力。单向挡水的橡胶坝,不得双向运用。

6.4.3　汛期应与上游水利等管理部门联系,根据气象和水文预报掌握水情,提前采取安全保护措施。

6.4.4　修建在多泥沙河流上的橡胶坝工程,宜采取泄洪防淤运行方式。

6.4.5　坝顶溢流时,可改变坝高来调节溢流水深从而避免坝袋发生振动。

6.4.6　寒冷地区的充水式橡胶坝冬季宜塌坝越冬;当不能塌坝越冬时,应在临水面侧采取破冰措施;当冰凌过坝时,对坝袋应采取保护措施。

6.4.7　橡胶坝挡水期间,在高温季节为降低坝袋表面温度,可将坝高降低,在坝袋上面保持一段时间的溢流水深。

6.4.8　对于多跨橡胶坝,塌坝时应均匀对称、缓慢塌落,避免下游产生集中冲刷。

6.4.9　塌坝泄流前应事先通知下游有关单位和部门,并应以各种有效信号对危险区域发出警告。